DE

LA PÊCHE

SUR

LA CÔTE OCCIDENTALE D'AFRIQUE.

IMPRIMÉ PAR BÉTHUNE ET PLON, A PARIS.

DE
LA PÊCHE

SUR

LA CÔTE OCCIDENTALE D'AFRIQUE,

ET

DES ÉTABLISSEMENTS

LES PLUS UTILES AUX PROGRÈS DE CETTE INDUSTRIE;

Ouvrage publié sous les auspices

DE MM. LES MINISTRES DE LA MARINE ET DU COMMERCE,

PAR

SABIN BERTHELOT,

DE MARSEILLE,

Secrétaire-général de la Société de géographie, un des auteurs de l'Histoire naturelle
des îles Canaries, et membre de plusieurs sociétés savantes.

« Tout homme qui pêche un poisson tire de la mer
une pièce de monnaie. »

FRANKLIN.

PARIS,

BÉTHUNE, ÉDITEUR,
36, RUE DE VAUGIRARD.

ARTHUS BERTRAND, LIBRAIRE-ÉDITEUR,
23, RUE HAUTEFEUILLE.

ET CHEZ LES LIBRAIRES DES PRINCIPAUX PORTS DE FRANCE.

M DCCC XL.

M. le baron Tupinier,

DÉPUTÉ,

COMMANDEUR DE LA LÉGION-D'HONNEUR,

DIRECTEUR DES PORTS,

MEMBRE DU CONSEIL D'AMIRAUTÉ,

PRÉSIDENT HONORAIRE DE LA SOCIÉTÉ DE GÉOGRAPHIE

Hommage de haute estime et de dévouement

S. Berthelot

INTRODUCTION.

INTRODUCTION.

La grande pêche maritime, si importante pour la France sous le rapport commercial comme dans l'intérêt de sa marine, est restée stationnaire jusqu'à ce jour dans les mêmes parages où elle prit naissance. A voir la marche routinière qu'elle a suivie depuis plus de deux siècles, on dirait que le banc de Terre-Neuve et les côtes glacées de l'Islande sont les seuls endroits susceptibles d'offrir d'abondantes ressources à nos pêcheurs. Il est pourtant d'autres parages favorisés par une nature providentielle, où s'établit une immense circulation entre les poissons voyageurs. C'est là qu'on doit observer les migrations de ces bandes vagabondes, le temps de leur station, la marche et la durée de leur croisière, l'époque de leur dé part et celle de leur retour, afin d'apprécier tout ce que la mer peut fournir aux pêcheurs d'avan tages et de profits. Cependant, lorsqu'on envisage les progrès croissants des autres branches d'in dustrie, on se demande pourquoi celle qui vivifie notre marine et alimente nos marchés ne réveille pas la sollicitude des économistes et n'obtient de leur part aucune sympathie? Il est facile de ré pondre à cette question.

Jusqu'ici les naturalistes qui ont exploré les mers ne se sont attachés qu'à décrire les êtres qui les peuplent; renfermés dans leurs spécialités, sans chercher à franchir les limites de la méthode, leur esprit systématique s'est borné à classer les espè ces, et, si on en excepte un petit nombre qui n'ont pas craint de déroger en descendant des hautes régions de la science dans une sphère plus à la portée de tous, la plupart ont entièrement négligé les utiles applications que l'on pouvait faire de leurs découvertes dans l'intérêt économique.

Aujourd'hui que tout tend vers le progrès, la plus importante des industries ne saurait rester en arrière. Il faut que tout concoure à son développement, et que, par une marche ascendante et un système mieux conçu, elle atteigne le niveau des autres améliorations. C'est à la géographie, à cette science de faits et d'observation, qu'il est dû d'accélérer ce mouvement progressif. En s'associant aux autres branches des connaissances humaines, elle a signalé les points du globe où l'on pouvait utiliser les ressources du sol. Des contrées lointaines, dotées de tous les bienfaits du climat, se sont mises en rapport avec les métropoles du monde commerçant; mais les progrès de notre civilisation, l'incessante activité de notre marine marchande, l'accroissement de nos forces navales, l'extension de notre commerce, veulent des entreprises nouvelles pour maintenir cet heureux état de prospérité.

A mesure que les populations s'augmentent et grandissent, de nouveaux besoins se font sentir parmi les masses : il faut chercher de nouvelles ressources, doubler les moyens d'existence, étendre le domaine de l'industrie afin de laisser un champ plus large au génie de la spéculation.

Or, ce champ, c'est la mer, que la nature a dotée de tant de richesses. Mine féconde et intarissable, elle ne le cède en rien à la terre; car si celle-ci nous intéresse par sa végétation, les animaux qu'elle nourrit, les substances qu'elle renferme et l'histoire des peuples qui l'habitent, l'autre a aussi pour elle des avantages qu'on ne saurait contester et qu'il nous importe de mettre à profit. Ces parages poissonneux qui donnent à nos populations maritimes le pain de tous les jours, ces immenses solitudes de l'Océan, où des hommes audacieux vont affronter les tempêtes, demandent à être mieux explorés. La mer, que la géographie nous apprend à connaître, ne doit pas être comprise seulement sous le rapport de son étendue, de la nature et de la configuration de ses côtes, des phénomènes météorologiques qui s'opèrent à sa surface; il faut l'étudier encore dans ses profondeurs pour juger de la part que la création lui a faite. Elle aussi a sa végétation, ses plaines, ses vallées, ses marécages, ses glaces et ses frimas; dans son sein vivent des animaux d'un autre ordre, que l'instinct des migrations promène dans des latitudes diverses, comme ces oiseaux voyageurs qui chaque année viennent visiter nos climats.

La pêche, suivant l'expression consacrée, *est l'agriculture de la mer*; et la mer est un immense domaine dont la souveraineté n'est à personne et dont la jouissance appartient à tous. Le pêcheur exploite la mer comme le champ qui lui est acquis : « Le bâtiment du pêcheur, disait la Morinière, peut être assimilé à une métairie; la mer qu'il sillonne répond au champ que laboure le fermier, les matelots de l'un représentent les ouvriers de l'autre, les filets et les autres engins sont pour le premier ce que les instruments de labourage sont pour le second; au lieu de blé et d'avoine, la récolte se compose de morues et de harengs, et la consommation générale s'empare également des deux produits.» Ainsi, dans les encouragements réservés aux grandes industries, l'agriculture et la pêche ont droit aux mêmes faveurs, car elles alimentent et soutiennent concurremment la famille commune. Trente mille marins, dévoués à la grande et à la petite pêche habitent notre littoral, et versent dans le commerce plus de 120,000,000 de francs par le produit de leur industrie. Dans la balance des intérêts sociaux, pour cette partie de la population française, la mer vaut bien plus que la terre.

Ces hommes, dont l'activité n'a rien de comparable, qui supportent tant de privations et se vouent à une existence si pénible, méritent bien qu'on s'occupe d'eux ; cependant, au milieu des chances qu'ils ont à courir et dans l'isolement où les laisse le peu de sympathie qu'on leur témoigne, il est une pensée consolante : la mer, cette mine féconde qu'ils ne cessent d'exploiter, ne tarit pas ; elle leur livre toutes ses ressources, et les innombrables phalanges qu'elle nourrit dans son sein, fidèles à leur rendez-vous, fréquentent toujours les mêmes parages. Tous les ans, des bandes de poissons voyageurs viennent enrichir nos frontières maritimes, et sous ce rapport la France est un des pays les plus favorisés par sa position géographique. Elle a dans l'Océan plus de trois cents lieues de côtes ; trois grandes rivières débouchent sur son littoral ; deux vastes golfes, quelques petites îles et un bras de mer considérable, constituent

les meilleures stations poissonneuses de l'Europe
occidentale. Dans la Méditerranée, elle est maîtresse des golfes de Lyon et de Gênes, des embouchures du Rhône et du Var; en face, elle possède la Corse, que le détroit de Bonifacio, si renommé des pêcheurs, sépare de la Sardaigne. De
toute part, les poissons voyageurs sillonnent nos
mers en grandes troupes, pénètrent dans nos
baies, frayent à l'embouchure de nos fleuves, ou
traversent dans leurs migrations les détroits qui
nous avoisinent. Mais il est aussi plusieurs parties
de notre littoral qui ne sont pas visitées par les espèces sociales, et de là résulte la nécessité d'aller
les pêcher au loin.

Ainsi le banc de Terre-Neuve et les attérages de
l'Islande, ces stations poissonneuses que les morues
semblent avoir choisies pour leur point de rallie
ment, attirent chaque année de nouvelles expéditions. Aujourd'hui la pêche de la morue emploie
en France 12,000 marins, répartis en 400 navires,
jaugeant 48,500 tonneaux; et ses produits, apportés
dans nos ports, à l'étranger ou dans nos colonies,
s'élèvent, année moyenne, à 80,000 quintaux métriques. Cette pêche imprime aussi un grand mou-

vement au commerce du cabotage, par les trans-
ports multipliés auxquels elle donne lieu ; elle
contribue en outre à l'activité de la navigation au
long cours, par les expéditions directes aux colonies, et procure un immense débouché à diverses
productions de notre sol.

Toutefois, cette industrie qui s'exerce dans la
haute mer n'a marché d'abord qu'avec lenteur :
il lui a fallu le secours des primes et toute la protection du gouvernement pour s'élever au rang
des grands commerces. Ce ne fut que long-temps
après la découverte de Terre-Neuve qu'on tira un
parti avantageux des inépuisables ressources que
le hasard avait fait découvrir dans ces latitudes, et
dont quatre ou cinq nations se disputèrent ensuite le partage. En 1497, le vénitien Jean Cabot,
envoyé, par Henri VII d'Angleterre, à la recherche d'un passage qu'on présumait devoir conduire
à la Chine par le nord-ouest, avait reconnu une
île qu'il appela *Prima-Vista* (1). La possession de
cette nouvelle contrée, que nous nommâmes en-

(1) Voyez Forster, *Histoire des découvertes faites dans le
nord*, t. II, p. 17.

suite *Terre-Neuve*, devait être pour la Grande-Bretagne un des principaux fondements de sa puissance maritime; cependant, à cette époque, l'ignorance des Anglais retarda pendant plus d'un siècle les immenses profits qu'ils devaient retirer de leur *Newfoundland*, et ils ne pensèrent guère à coloniser le pays que cent ans plus tard. Le voyageur Hore, qui visita ces parages en 1536, c'est-à-dire trente-neuf ans après la reconnaissance de Cabot, manqua d'y périr de disette avec tous ses compagnons, quand le poisson pullulait autour de lui (1). Les chartres octroyées par Henri VII pour y fonder des pêcheries ne produisirent d'abord aucun résultat. L'île ne comptait encore que soixante-deux colons en 1612, et le nombre des navires pêcheurs s'élevait au plus à une cinquantaine (2).

Les Français ne commencèrent à s'adonner à la pêche de la morue qu'en 1540, après que François Iᵉʳ eut fait explorer les parages de Terre-Neuve, d'abord par J. Verazzoni, puis par Jacques Cartier, de Saint-Malo, le meilleur marin de

(1) Voyez Forster, *op. cit.*, t. II, p. 32.
(2) Purchas, *Pilgrimage or relations of the world*, p. 822

son temps (1). Les établissements sédentaires qu'ils fondèrent sur le littoral n'eurent pas, dans le principe, tout le succès qu'on s'était promis, et ce fut seulement sous le règne de Henri IV que le ministre Sully favorisa de tout son pouvoir la pêche de la morue, en la plaçant sous la protection immédiate du gouvernement. Les Anglais eux-mêmes n'acquirent leur prépondérance dans les mers du Nord qu'après que le célèbre Drake en eut chassé les Espagnols; et leur prise de possession à Terre-Neuve ne date réellement que de l'année 1585 (2).

Le portugais Corte-Real avait observé partout l'affluence extraordinaire des morues sur le grand banc de Terre-Neuve, dès le commencement du XVIᵉ siècle. Ce fut lui qui signala, pour la première fois, cette mine féconde aux pêcheurs européens. Les Espagnols ont attribué cette découverte à Estaban de Gomez, nommé pilote du roi, par décret (*Real cedula*) de Valladolid, du 10 février 1525, et qui partit cette même année pour aller chercher aussi vers le nord la prétendue

(1) Voyez Manet, *Biograph. des Malouins célèbres*, p. 44.
(2) Forster, *op. cit.*, t. II, p. 60

communication avec le Cathai (1). Les marins des provinces vascongades revendiquent la gloire d'avoir reconnu ces parages et de s'être livrés à la pêche des morues cent ans environ avant la découverte de l'Amérique (2), mais rien n'appuie ces prétentions. Les documents que le savant don M. F. Navarrete a recueillis sur cette question, et qu'il a cités dans sa belle et importante *Collection des voyages et découvertes des Espagnols*, prouvent qu'ils ne commencèrent pas à fréquenter le banc de Terre-Neuve avant les voyages de Corte-Real et de Gomez. On conserve aux archives de Simancas divers dossiers de la reine dona Juana, parmi lesquels se trouve une licence du roi, son père, accordée en 1501 à Jean Agramonte, d'origine catalane, pour aller avec deux bâtiments faire des investigations sur Terre-Neuve (*para ir à saber el secreto de la Tierra-Nueva*). L'ordre porte :
« Vous pourrez aller et irez avec deux navires de la
» grandeur que vous jugerez convenable, montés

(1) Voyez Herrera, *Dec.* 3. lib. 8, cap. 8. — Gomera, *Hist. de Indias*, cap. 40.
(2) Voyez *Diccionario geog. hist. de España*, por la Academ. de hist., t. II, p. 545.

» par mes vassaux, sujets et nationaux; tous,
» ainsi que les équipages, naturels de mes domai-
» nes, excepté deux pilotes que vous amenerez,
» et qui seront *Bretons* ou de tout autre nation
» qui ait été dans ces parages. » (*Que vos podais
ir é vayais con dos navios del grandor que vos pa-
resciere, que sean de mis vasallos, subditos é natu
rales y asi mismo la gente que llevareis sean natu-
rales de estos reinos, acebto que dos pilotos que
llevaredes sean Bretones ò de otra nacion que allà
hayan estado.*)On voit, d'après cette clause qui obligeait le chef de l'expédition de se pourvoir de
deux pilotes bretons, qu'à cette époque les marins de la côte de Biscaye n'avaient pas encore
fréquenté les abords de Terre-Neuve, puisqu'on
les obligeait à prendre des pilotes praticiens de
ces mers (1).

Parmi ces grandes industries maritimes, écoles
d'expériences où nos escadres recrutent leurs
meilleurs matelots et sources de prospérité pour
notre commerce, il faut placer en première ligne

____

(1) Voyez à cet égard, pour meilleurs renseignements, les curieuses recherches de M. Naverrete, *Colecc. de viag. y descub*
t. iii, p. 176 et suiv. Voy. aussi l'appendice.

la pêche de la baleine à laquelle nos Basques se livraient avec tant de succès dans le XIVe siècle, et qui a éprouvé depuis tant de vicissitudes. Ces intrépides marins y employèrent plus de 9,000 hommes: le port de Saint-Jean de Luz ne compta pas moins de 50 à 60 navires baleiniers jusqu'en 1636, que les Espagnols s'emparèrent de cette place. Quatorze bâtiments arrivés de Groenland, et chargés d'huile de baleine, tombèrent en leur pouvoir. Cet événement anéantit la marine basque, détruisit l'industrie qui l'avait fait prospérer jusqu'alors, et la France, depuis cette catastrophe, se vit enlever par les autres nations les produits d'une pêche aussi lucrative. En 1784, Louis XVI, voulant réveiller l'énergie des pêcheurs, fit armer, à Dunkerque, six navires destinés pour les mers du Nord, et cette entreprise fut couronnée d'un plein succès. En 1790, la France comptait déjà 40 baleiniers. Sous la république et l'empire, le gouvernement se rappela de temps en temps de la pêche de la baleine, et rendit quelques décrets qu'on inséra au *Bulletin des lois*. La restauration favorisa cette grande industrie par des primes, et plusieurs navires commencèrent à franchir le cap

Horn. Depuis 1830, la sollicitude du ministère de la marine ne s'est pas ralentie; de nouveaux encouragements ont été votés; l'État a payé en grande partie le salaire des équipages, par les primes qu'il a allouées à chaque homme; il est des marins baleiniers qui, au retour d'une longue campagne, ont reçu jusqu'à 1,500 francs (1). D'aussi grands sacrifices ne sont pas restés sans résultat: les armements qui, en 1817, ne s'élevèrent qu'à quatre, et n'employèrent que 88 matelots, s'étaient accrus, en 1836, de 58 navires montés par 2,072 hommes (2). Cependant, malgré cette progression croissante, nous ne marchons encore qu'en troisième ligne après les deux grandes puissances qui exploitent les mers. En 1837, le nombre de bâtiments américains employés à la pêche a été de 240, et l'on évalue à plus de 43,000,000 de francs les 40,000 barils d'huile de baleine qu'ils ont recueillis. Les Anglais expédient chaque année environ 100 navires dans les mers du Nord, et 40

1) Voyez *Annales maritimes*, novembre 1838, 25e année, 2e série, p. 1069.

2) *Annales maritimes*, juin 1838, 25e année, 2e série, p. 787

à 50 dans les mers australes, tandis que l'année dernière les expéditions parties des divers ports de France ne s'élevaient encore qu'à 62 baleiniers. Toutefois, dans ce nombre, le seul port du Havre s'énorgueillit d'avoir armé 41 bâtiments, qui ont rapporté 50,000 quintaux métriques d'huile de fanon et de blanc de baleine, dont la vente a pro duit 3,050,000 francs (1).

Ces succès ont encouragé d'autres spéculateurs. Des compagnies destinées à donner une nouvelle impulsion à la pêche de la baleine commencent à s'établir dans nos ports. Applaudissons à des entreprises qui peuvent amener d'immenses résultats; car c'est pendant la rude navigation des grandes pêches, au milieu de tous les dangers de ces expéditions lointaines, que se forment les bons matelots; c'est aussi sur cette puissante ressource que notre marine militaire compte au besoin, lorsqu'elle réclame pour ses armements des hommes d'expérience et de résolution.

Les baleiniers explorent aujourd'hui les parties les moins fréquentées des deux hémisphères, et

____

(1) *Annales maritimes,* juin 1838, deuxième série

pourchassent les cétacés jusques sous les glaces
du pôle. Avant-coureurs des découvertes qu'il
reste à faire dans ces hautes latitudes, ils jalon-
nent la route aux autres navigateurs; la géographie
leur doit de bonnes observations, des reconnaissances importantes, et, dans ces derniers temps,
l'exploration des régions polaires par des officiers
spéciaux a suivi leurs audacieuses entreprises.
On savait, avant la publication des voyages de
Scoresby, en 1820, qu'un capitaine baleinier de
Hambourg avait atteint le 83ᵉ degré de latitude
boréale, et ce renseignement détermina l'amirauté
d'Angleterre à envoyer le capitaine Parry tenter
encore une fois les approches du pôle arctique.

Dans ces dernières années, divers armements
ont été expédiés pour les régions baleinières australes; plusieurs se sont avancés jusque sous le
cercle antarctique, et ont sillonné une mer sans
obstacle. Ces tentatives font concevoir l'espérance
d'un plus heureux succès : une expédition est
confiée au zèle d'un de nos grands navigateurs.
M. Dumont d'Urville s'est élancé dans une nouvelle carrière de dangers et de gloire. Au début
de sa périlleuse campagne, tout semblait d'abord

favoriser son audace; il a pénétré dans le détroit de Magellan, et sa belle exploration a révélé un fait intéressant pour les navires qui se dirigent vers l'Océan Pacifique. Déjà plusieurs de nos baleiniers fréquentent ce passage et le préfèrent au grand tour par le cap Horn. C'est là qu'ils ont établi une poste d'un nouveau genre : un petit baril suspendu à un arbre, sur la plage solitaire du port Famine, reçoit leurs notes et leurs observations. L'ingénieuse boîte aux lettres, que la confiance fraternelle a rendue commune à tous les navigateurs, reste là sous la sauve-garde du destin; les navires qui passent y recueillent des avis importants, ou rapportent en Europe la correspondance confiée à leur soin. Ce fut par cette voie que l'on reçut, l'année dernière, des nouvelles de *l'Astrolabe* et de *la Zélée*, au moment où M. d'Urville et ses compagnons allaient s'engager dans les terribles banquises qui devaient leur barrer le chemin (1). Mais cette rude campagne

(1) D'après le rapport imprimé par ordre du ministre de la marine (*voy. Annal. maritim.*), l'expédition a parcouru les mers antarctiques, en longeant ces redoutables banquises que l'illustre Cook osa braver le premier. Notre intrépide commandant a lancé

n'aura pas été sans profit : la science y a gagné de savantes observations ; l'état, l'expérience de ses marins ; et la pêche des baleines et des phoques, de nouvelles espérances pour l'avenir. Maintenant surtout que nos baleiniers rivalisent de zèle pour reconquérir à la France une industrie qu'elle exerça autrefois sans partage, l'audacieuse tentative de *l'Astrolabe* et de *la Zélée*, la courageuse persévérance du chef de l'expédition, la coopération des officiers et le dévouement des

ses deux corvettes à travers la ceinture de glaces qui barrait sa route, il a lutté cinq jours contre les montagnes flottantes, et n'a reculé qu'après avoir épuisé tout ce qu'il a été donné à l'homme d'intelligence et de courage pour combattre les éléments. Avec la mer libre, nos marins, n'en doutons pas, auraient gagné facilement l'indemnité promise ; mais passer un mois entier dans un océan de glace, au milieu d'épais brouillards ; côtoyer pendant deux cents lieues une barrière insurmontable, hérissée de dangers ; forcer les obstacles, pénétrer à tout risque dans les plus étroits passages, voilà des efforts dignes des plus grands encouragements.

Toutefois, M. d'Urville ne s'en est pas tenu à cette première exploration : il n'a pas voulu quitter l'hémisphère austral sans tenter de nouveau les abords du cercle polaire et essayer de pousser plus loin. Reparti de Hobart-Town le 1ᵉʳ janvier 1840, après vingt-huit mois de la navigation la plus active, il a coupé la route de Cook en 1775 pour s'avancer dans des parages que n'avait encore sillonné aucun navigateur ; et, par 66° 30' de lat. S., et 158° 21' de long. E., la découverte de la *Terre-Adélie* est venue lui assurer un de ces titres de gloire que la géographie enregistre dans ses annales et qui passent sans contrôle à la postérité.

équipages auront assez prouvé que nos marins peuvent affronter les mers polaires aussi bien que les nations rivales. Le commandant d'Urville qui, avant son départ, transmit à la Société de géographie des renseignements si précieux sur la pêche des phoques et des morses (1) dans l'Océan austral, n'aura pas manqué de fixer son attention sur les parages où l'on pourrait encore tenter cette pêche avec succès.

Quand on pense qu'en 1818, après la découverte de New-Southshetland, les pêcheurs anglais, qui explorèrent les premiers ce groupe d'îles, rapportèrent en Europe 215,000 peaux de phoques dont la vente produisit 1,125,000 francs, et que les importations des Américains s'élevèrent à 500,000 peaux, il est permis d'espérer les plus heureux résultats pour les expéditions qui seront dirigées sur les points encore inexplorés. La *terre de Louis-Philippe*, que le commandant d'Urville a reconnue et relevée dans les hautes latitudes australes (2), est peut-être un nouveau champ que

(1) Voyez *Bulletin de la Soc. de géog.*, 2ᵉ série, t. vii, nᵒ 41, p. 286.
(2) A l'est de *Trinity Land*.

la fortune réserve à nos intrépides pêcheurs.

C'est ainsi que je m'exprimais naguère en présence de la Société de géographie dans les considérations que j'eus l'honneur de lui communiquer sur la grande pêche (1). Aujourd'hui ces mêmes considérations, dont on comprit l'importance et qui obtinrent toute leur publicité (2), acquièrent encore plus de valeur dans la question qui m'occupe. « La connaissance des parages où s'exerce la pêche, disais-je alors, le commerce qu'elle active, la navigation qu'elle entretient, l'abondance et la qualité de ses produits, sont autant de questions intéressantes, dignes de l'attention des esprits observateurs. Et si de ces considérations générales on descend dans les détails, si on envisage l'état présent de la pêche pour en tirer des prévisions pour l'avenir, si l'on étudie cette grande industrie sous ses rapports économiques, si l'on suit les opérations des pêcheurs sur les côtes des deux continents et dans les mers où s'établissent leurs croisières, si l'on compare enfin les procédés

(1) *Bulletin de la Soc. de géog.*, 2ᵉ série, t. x, nᵒ 60, décembre 1838, p. 375.

(2) *Journal des Débats*, 5 févr. 1839, et *Journal de La Haye*.

des uns et des autres, tant pour s'emparer du poisson que pour le préparer de diverses manières selon l'usage et le goût des nations, cet examen, en augmentant la masse de nos connaissances, sera la source d'heureuses améliorations. Dès lors, sous la double garantie de l'observation et de l'expérience, notre système de pêche recevra une nouvelle impulsion par les enseignements dont on aura su profiter et les entreprises qui seront dirigées sur les points qui présenteront le plus de chances de succès.

Telle est la marche que j'ai suivie dans mes explorations : en tâchant d'apprécier toutes les ressources que l'on pouvait tirer de la mer, une pensée arrêtée d'avance m'a toujours guidé dans mes recherches, et cette pensée, qui tendait vers des intérêts généraux, avait pour but des résultats positifs. Je voulais, suivant le point de mire sur lequel se dirigeaient tour à tour mes observations, étendre nos relations commerciales, signaler de nouvelles entreprises à nos navigateurs et fournir de nouveaux aliments à nos pêcheries.

En observant dans les parages poissonneux les différentes espèces qui parcourent les mers, on

a reconnu que ces tribus voyageuses se déviaient
parfois de leur route habituelle, changeaient de
croisières, devançaient ou retardaient leurs migrations, et ne retournaient pas toujours dans
leurs stations premières. Ainsi, les harengs, qui
affluaient jadis en si grande abondance sur les
côtes de la Suède, s'en sont éloignés tout-à-coup
pour n'y plus reparaître; ainsi, encore, les baleines, ces puissances de l'Océan, ont abandonné
les mers où de hardis pêcheurs s'acharnèrent à
leur poursuite. Un jour peut-être ces myriades
de morues, qu'on va pêcher sur le banc de Terre-
Neuve, déserteront les plaines sous-marines où les
attirent des causes que nous ne connaissons encore qu'imparfaitement et qui peuvent cesser
d'exister. D'ailleurs, quand même ces changements dans les phénomènes observés jusqu'ici ne
seraient pas à craindre, n'est-il pas prudent de se
préparer d'autres ressources qui assurent à une
grande industrie d'inépuisables aliments? Cette
prévoyance, sur laquelle repose l'avenir de la
pêche, ne doit-elle pas entrer dans les vues du
gouvernement, surtout lorsque son intérêt s'y
trouve lié d'une manière si intime? Car la pêche

est la pépinière de notre marine ; c'est sur ce
théâtre de pratique et d'expérience que se préparent les éléments qui doivent faire sa force et sa
prospérité. Il importe donc au ministère compé-
tent d'agrandir le domaine de la pèche, de proté
ger de tout son pouvoir les nouvelles entreprises,
et de donner enfin tous les développements possibles à une industrie d'un si grand poids dans la
balance des intérêts nationaux.

Il est dans l'Océan Atlantique des parages plus
rapprochés de nous que Terre-Neuve, placés sous
un climat meilleur, dans des conditions bien plus
favorables que les mers du nord, et qui pourraient
devenir le siége d'une pèche qui ne le céderait en
rien, ni pour l'abondance, ni pour les facilités et
la qualité des produits, à celle que l'on fait sur le
grand banc. Ces parages, qui s'étendent le long
de l'Afrique occidentale, depuis le cap de Geer et
même à partir d'Azamor, jusqu'à l'embouchure
de la Gambie, sont peut-être les plus poissonneux de tout l'Océan.

Les navigateurs portugais, que le génie entreprenant de l'infant don Henri poussait sans
cesse vers de nouvelles découvertes, explorèrent

cette côte dès le commencement du xvᵉ siècle.
Mon savant ami, le vicomte de Santarem, dont
l'érudition géographique n'est jamais en défaut,
m'a fourni la preuve que les marins de Lagos et
des frontières maritimes du royaume des Algarves allaient déjà pêcher, en 1444, sur le cap Bojador, sur celui de Geer, au Rio de Oro, à l'Angra dos Ruyvos, au banc d'Arguin et jusque *dans
les mers de Guinée,* suivant l'expression d'Azurara.
Ce célèbre chroniqueur nous apprend en effet que
les Portugais qui fréquentaient ces parages y établirent des pêcheries, sous les auspices de l'infant,
moyennant un certain droit qu'ils s'obligèrent à
lui payer. Les pêcheurs affluaient en grand nombre à l'*Angra dos Ruyvos* (la baie des rougets) :
ce fut sur ce point du littoral qu'ils se fixèrent
d'abord pour installer ces grandes pêcheries qui
étonnèrent tant les Maures du Sahara (1). La baie
des rougets, située à trente lieues environ du cap
Bojador, reçut son nom de celui des poissons qui
abondaient dans ses eaux : elle fut reconnue pour
la première fois en 1434, par Alonso Gonzalez

(1) Voyez Azurara, *Chronique de la conquête de Guinée,*
chap. 95, manuscrit de la Bibliothèque royale.

Baldaya, après que ce navigateur eut doublé le cap (1).

Léon l'Africain fait mention de la grande quantité de poissons que l'on pêchait près d'Azamor, aux embouchures de l'Omm-er-R'bie'h. On évaluait à 6 ou 7,000 ducats les droits que les Maures d'Azamor percevaient sur cette pêche qui durait depuis octobre jusqu'à la fin d'avril. Notre auteur assure que l'espèce qui pullulait dans ces parages était si chargée de graisse que chaque individu rendait plus d'une livre et demie d'huile. « Les Portugais, ajoute-t-il, venaient autrefois charger leurs navires de ces poissons d'Azamor, et ils continuèrent à payer le droit jusqu'à l'époque où ils s'emparèrent de cette place (2). »

En 1456, Cadamosto, qui rapporta tant de précieux renseignements de ses explorations en Afrique, s'exprimait en ces termes sur les pêcheries de la côte occidentale : « On trouve tout le long de

____

(1) *Collect. des voyages et découv. des Espagnols*, trad. de MM. Verneuil et de la Roquette, tom. 1, p. 69, note 1.

(2) Voyez, dans le premier volume du recueil des *Navigations et voyages* de Ramusio (4ᵉ édit. Venise, MDLXXXVIII), la description de l'Afrique, de Jean Léon, deuxième partie. *Izaa mur città*, p. 22

cette côte à faire la pêche la plus abondante en poissons de diverses espèces, beaux et excellents, les uns semblables à ceux qu'on vend à Venise, et d'autres de formes différentes (1). »

En 1510, deux ans après la prise de Saffi par les Portugais, nous voyons déjà cette nation, alors toute puissante, signer un traité avec les habitants de cette ville, par lequel ceux-ci étaient tenus de lui payer tous les ans un tribut de dix mille aloses salées (2).

Si l'on consulte les documents historiques de cette époque, tout porte à croire que les marins des Algarves se livrèrent les premiers à la pêche sur la côte d'Afrique. Dans le chapitre 104 des *Cortés de Santarem* (année 1434), il est question de grandes exportations de poissons pour les ports du Levant, et surtout d'une espèce de gade désignée sous le nom de *pescada*. Un autre document des cortès d'Évora (1436) cite des ventes considérables d'aloses salées que les Portugais

(1) Voyez dans le même recueil de Ramusio la relation de Cadamosto, « *De pesci che si trovano in della costa...* » p. **99**.

(2) Voyez l'*Histoire des conquêtes des Portugais aux Indes orientales*, par Barros, dans les *Relations de voyages* de Thevenot.

faisaient aux Espagnols et aux marchands d'autres nations (1).

Quant aux pêcheries d'Agadir, on sait que Diego Lopes de Sequera, se rendant dans l'Inde en 1518 (2), remarqua l'affluence extraordinaire de poissons dans le voisinage du cap de Geer, lorsqu'il y mouilla avec sa flotte. Cet amiral appela dès lors l'attention du roi don Emmanuel sur les avantages que pouvaient offrir des pêcheries situées dans ces parages où un aventurier portugais avait déjà fondé un établissement. Ces circonstances, réunies aux intérêts politiques qui dominaient alors dans les grandes entreprises qu'on dirigeait en Afrique, déterminèrent probablement le roi de Portugal à faire construire le château d'Aguer (Agadir ou Sainte-Croix), à l'embouchure du Sus, afin de protéger ces pêcheries qui étaient devenues l'école pratique de sa puissante marine. Les Portugais n'abandonnèrent la place qu'en 1536, lorsque Mohammed, roi de Fez, vint l'attaquer pour la seconde fois, et ce ne fut qu'après avoir

(1) Vic. de Santarem, *Memorias para a historia das Cortes*.

(2) Voyez, dans la notice de M. le vicomte de Santarem sur les manuscrits portugais de la Bibliothèque du Roi, *Chronologie des voyages*, p. 77.

perdu dix mille hommes de ses meilleures troupes que ce prince parvint à s'emparer de ce poste auquel on attachait une grande importance, et que la garnison défendit avec un courage digne d'un meilleur sort (1).

Les Espagnols du golfe de Biscaye qui, à cette époque, ne se montrèrent pas moins entreprenants que les Portugais, continuèrent pourtant la pêche sur les attérages du cap du Geer, et fréquentaient encore cette partie de la côte d'Afrique vers le milieu du seizième siècle. Christoval de Barros rapporte : « Que les grandes chaloupes de Saint-Vincent de la Barquera, Llanes, Riva de Sella, Gijon et Aviles partaient en septembre, pour se rendre en Andalousie, où elles se ravitaillaient, pour retourner ensuite vendre leur poisson à Séville et au port de Sainte-Marie, vers la fête de la Noël, et que plus tard, au mois d'avril, elles reprenaient le chemin de Saint-Vincent, afin de se trouver, au commencement de juin, à la pêcherie d'Irlande, d'où elles étaient de retour au mois d'août (2). »

(1) Voyez Rees, *New Cycloped.*, t. i, part. 2, art. *Aguer*.

(2) *Colecc. de viages y descub.*, par D. M. F. Navarrete, t. iii, p. 176. Document des arch. de Séville, n° 17.

Ainsi ces hardis pêcheurs ne restaient au port que trois ou quatre mois, et tenaient la mer pendant tout le reste de l'année, en parcourant, dans les deux campagnes, plus de 1600 lieues marines sous des climats divers.

Cette grande pêche, à laquelle se livrèrent autrefois avec tant d'avantages les populations maritimes du royaume des Algarves et les Espagnols du golfe de Biscaye, n'est plus exploitée aujourd'hui que par les insulaires des Canaries. Placés au milieu de la région poissonneuse dont j'ai indiqué plus haut les démarcations, les pêcheurs de ces îles ont su mettre à profit leur heureuse position. Ils pêchent le long de la côte voisine plusieurs espèces de gades analogues à la morue, et beaucoup d'autres poissons qu'ils préparent à misel, et qu'ils sécheraient au besoin comme l'espèce de Terre-Neuve. Trente à quarante brigantins, montés ensemble de sept à huit cents matelots expérimentés, sont expédiés de divers ports de l'Archipel canarien, et approvisionnent annuellement les îles de 150,000 quintaux de poissons. Cette petite flottille parcourt, huit à neuf fois l'an, les attérages du cap Bojador et du cap Blanc.

et pourrait continuer la pêche avec le même succès jusqu'à la rivière de Gambie, si elle n'avait à
lutter contre les difficultés du retour. A deux
époques différentes, d'innombrables phalanges de
poissons remontent ou redescendent la côte, en
suivant les fonds sablonneux de la lisière du grand
désert. La pêche, le long de ce littoral, est toujours prospère et facile, les vents constamment
réguliers; une barque de quarante à cinquante
tonneaux peut effectuer son chargement en trois
ou quatre jours, suivant le nombre d'hommes
dont se compose son équipage. J'ai l'intime con-
viction que, sous cette latitude, des pêcheries
bien dirigées dépasseraient les produits de celles
des mers du Nord, et qu'elles deviendraient bientôt des plus lucratives pour des armateurs entreprenants. Dix années de résidence aux îles Canaries, les renseignements que j'ai obtenus des pa-
trons de pêche, mes propres observations durant
les traversées que j'ai faites à bord de leurs barques, m'ont mis à même d'étudier sous tous ses
rapports cette grande industrie maritime. Le poisson salé de la côte d'Afrique forme, depuis près
de trois siècles, la principale nourriture des Cana-

riens, qui se contentent de le préparer en vert
pour le transporter et le vendre dans les différents
marchés des îles. Mais, en bornant jusqu'ici les
produits de la pêche aux besoins de la consommation, les *Islenos* (1) ont négligé tous les avantages
qu'ils pourraient tirer des exportations; l'industrie
qui les alimente est pourtant susceptible de
grands développements, et c'est en l'envisageant
sous ce point de vue que je vais donner l'histoire
d'une pêche qui, bien que restreinte dans ses débouchés, pourrait, sous la protection d'un gouvernement éclairé, et à l'aide d'une organisation bien
entendue, ne plus compter de rivale et se placer
bientôt au premier rang.

Toutefois, avant d'entrer dans ces détails, il
convient de dire un mot sur les migrations des
poissons voyageurs, et de faire connaître les principales espèces qui fréquentent la mer canarienne.

(1) Cette dénomination est généralement employée par les Espagnols pour désigner les habitants des îles Canaries.

CHAPITRE PREMIER.

CHAPITRE PREMIER.

Parmi les innombrables espèces qui peuplent les
mers, les unes vivent isolées et sédentaires, les
autres se réunissent en grandes bandes. Dans
ce nombre, il en est qui ne quittent jamais le fond
qui les a vues naître, tandis que d'autres parcourent
en troupe des espaces immenses. Ces remarques
ne sont pas d'aujourd'hui : les Grecs distinguaient
les poissons par leurs principales habitudes : ils
avaient étudié les appétits et les goûts dominants

de chaque espèce. Favorisés par le voisinage de la mer, ils s'attachèrent à connaître les meilleurs poissons. Ceux qui fréquentent les fonds rocailleux avaient des titres de plus à la recommandation des gourmets : aussi les poissons de la mer Égée obtinrent ils la préférence. « Les meilleurs fonds sont ceux garnis de plantes marines, disait Aristote, les poissons herbivores y trouvent plus de pâture, et ceux dont les habitudes sont voraces y rencontrent plus de poissons. » Dans plusieurs endroits de ses écrits, le naturaliste grec, dont le raisonnement est toujours si logique, fait la différence des espèces qu'il appelle *saxatiles*, parce qu'on les pêchait sur les côtes bordées de rochers, de celles qu'il nomme *ruades* ou vagabondes. Toutefois, il ne confondait pas ces dernières avec celles qui ne sont pas soumises aux migrations. Il n'ignorait pas que la plupart des espèces qui disparaissent à un certain temps de l'année se retirent dans les profondeurs de la mer, et que les autres, au contraire, telles que les thons et les pélamides, émigrent vers d'autres régions.

Les thons, que les colonies carthaginoises firent graver sur les médailles puniques de Gades et de

Carteia, fréquentent toujours les mêmes côtes. Aristote, ce génie privilégié, auquel il semblait réservé de tout savoir, a décrit la marche de ce poisson le long des rivages où on le pêchait plus particulièrement : l'étude des migrations et les pêcheries qui ont prévalu dans les mêmes parages prouvent l'exactitude de ses remarques. On continue à pêcher les thons dans les îles de la mer Égée, à Samos, à Naxos, à Icarie, surnommée l'*Ichthyoësse* ou la *Poissonneuse;* on en prend beaucoup encore dans le détroit de Messine, dans le voisinage de Syracuse et de Tarente, ainsi qu'à Marseille, à Antibes, à Nice, sur les côtes méridionales d'Espagne et dans toutes les anciennes colonies phocéennes où l'on a conservé l'usage des madragues sur le modèle des Grecs.

C'est dans ces longs filets de sparte que se prennent les thons aux époques du passage (1) : ils s'y engagent par bandes de quatre à cinq cents à la poursuite des sardines, lorsqu'en entrant dans la

(1) On peut voir dans les galeries du Louvre une marine de Vernet, où ce peintre célèbre a reproduit, avec la plus exacte vérité, le curieux spectacle de cette pêche qu'on considère avec raison comme la plus importante de la Méditerranée.

Méditerranée ils remontent vers la mer Ligurienne.
Ces superbes scombres tiennent le premier rang
parmi les poissons voyageurs ; leur marche, depuis
le détroit de Gibraltar jusque dans la mer Noire, et
leur retour dans l'Océan, sont pourtant mieux connus aujourd'hui que du temps d'Aristote ; on sait
qu'ils s'avancent jusque sur les confins de la zone
torride, et la nouvelle pêcherie de thons, établie
par une compagnie de Génois sur les côtes de la
Gomère, dans le canal qui sépare cette île de celle
de Ténériffe, est en pleine prospérité.

Les observations des anciens sur les stations
qu'affectaient certaines espèces et sur les migrations de quelques autres se trouvent confirmées
par des faits toujours existants. Ainsi, les poissons
que l'on pêchait au temps des Sésostris et des
Pharaons dans les eaux du Nil et sur les côtes de
l'Égypte y abondent comme autrefois. Notre im-
mortel Cuvier a reconnu, sur les dessins rapportés par les membres de l'Institut du Caire, l'identité des espèces sculptées dans les grottes sépul-
crales de Thèbes ; et les poissons embaumés de la
fameuse collection de *Passalaqua* ont présenté les
mêmes résultats. Le saumon, vanté par Pline, et

que les fleuves de l'Aquitaine fournissaient de son temps, se plaît encore aux embouchures de la Garonne et de l'Adour; la murène, si estimée des Romains, continue d'habiter les fonds rocailleux de la Méditerranée; tandis que les dauphins, si respectés des pêcheurs de l'Ionie, et que la ville de Phocée adopta pour symbole, sillonnent toujours les mêmes mers.

Le phénomène de ces migrations, que l'instinct et le besoin commandent, a été observé dans presque toutes les régions du globe. Chaque contrée compte un certain nombre d'espèces qui ne se montrent sur les côtes qu'à des époques fixes et déterminées par des circonstances difficiles à expliquer, si ce n'est par la nécessité de se procurer une nourriture plus abondante et la recherche des parages convenables à la conservation du frai. Dans les Antilles, pendant la durée de la saison pluvieuse, c'est-à-dire depuis juin jusqu'à la fin de décembre, les côtes sont fréquentées par une multitude de poissons, dont quelques-uns entrent en affluence dans les rivières au point de les encombrer. Pendant la saison sèche, au contraire, c'est-à-dire depuis janvier jusqu'en mai, ils s'éloignent des côtes, et l'on ne trouve plus alors que des cétacées et des requins, *dont l'arrivée et la permanence*, dit M. Marec (1), *pourraient peut-être expliquer en partie le départ des premiers.*

Les poissons voyageurs qui chaque année viennent enrichir notre littoral sont en assez grand nombre, et je ne citerai ici que les espèces les plus connues.

Le maquereau séjourne chaque été sur nos côtes, pendant un laps de temps assez long, depuis Dunkerque jusqu'à Brest, et fournit une pêche dont le produit est estimé à 800,000 francs par campagne (2).

Le germon abonde dans le golfe de Gascogne, et sa présence dans cette mer a toujours lieu aussi aux mêmes époques.

L'apparition périodique des sardines se fait remarquer depuis l'extrémité de la Bretagne jusque vers l'embouchure de la Loire. Toutefois, ces pois-

(1) Voyez *Dissertation sur plusieurs questions relatives à la pêche de la morue*, par M. Marec, chef de bureau de la police des pêches au ministère de la marine.

(2) Voyez *Recherches pour servir à l'histoire naturelle du littoral de la France*, par MM. Audouin et Milne Edwards, p. 266.

sons se montrent aussi au-delà de ces limites ; on
en pêche dans le voisinage de Morlaix et dans
toute la baie de Biscaye ; mais c'est surtout dans
les eaux de Groix, de Concarneaux et de Douar-
nenez que leur abondance est extrême (1). L'apparition des sardines sur les côtes et dans le voisinage des îles de la Méditerranée a été constatée
aussi depuis des siècles, bien que de fausses opinions, émises sans examen, aient laissé croire que
leur existence dans ce bassin ne datait pas de
long-temps (2). C'est depuis avril jusqu'en octobre

(1) On en fait aussi des salaisons considérables dans le quartier maritime de Collioure. Les pêcheurs de Quimper et de
Lorient, au nombre de plus de 4,000, s'occupent presque tous
exclusivement de cette pêche pendant une grande partie de l'été et
de l'automne, et l'on évalue à environ 2,000,000 les produits qu'elle
donne entre Brest et le Croisic. Au sud de la Loire, vers les Sables
d'Olonne et Saint-Jean de Luz, on pêche aussi la sardine, mais
en plus petite quantité. *Voy.* Aud. et M. Edw., *op. cit*, p. 266.

(2) Quoique les anciens manuscrits fassent peu mention de ce
poisson, aussi bien que de l'anchois, son compagnon d'habitude,
on sait que Gelmirez, archevêque de Compostelle, en avait déjà fixé
le prix par un règlement publié en 1133 ; qu'on pêchait ces deux
espèces en Sicile dans le commencement du xiie siècle, et que les
droits qu'elles acquittaient furent maintenus aux assises de Naples en 1176. En outre, les archives de la corporation des pêcheurs de Marseille viennent fournir des preuves de l'abondance
de ces poissons sur la côte de Provence en 1298 et 1424, puisque,
sous la première de ces dates, on trouve un privilége accordé au

que ces poissons affluent en plus grand nombre dans le golfe de Lyon et de Gênes, sur les côtes d'Espagne, de la Corse, de la Sardaigne et des îles Baléares. A l'exemple des autres espèces voyageuses, l'instinct des migrations porte les sardines et les anchois, qui souvent les accompagnent, à changer de lieux à des époques périodiques. Leur absence pendant quatre ou cinq mois de l'année a donné lieu à différentes interprétations. Où vont-elles alors? Dans quels parages déposent-elles leur frai? Ces questions sont encore autant de pro-blèmes.

On a remarqué pourtant que les saisons n'é-taient pas pour les poissons voyageurs et pour l'époque de leur propagation des régulateurs in-variables. Plusieurs espèces frayent en hiver : alors

---

monastère de Lérins par Charles II, comte de Provence, pour pêcher l'anchois à la Rissole, et sous la seconde, un acte qui fait mention de sardines salées.

Aujourd'hui la pêche de l'anchois est une branche de commerce très lucrative à Antibes, à Fréjus, en Corse et au Port-Mahon.

Les Marseillais pêchent les sardines depuis un temps immémorial avec un filet qu'ils appellent *sardinaou* ; elles pénètrent souvent en bandes serrées dans nos madragues, où l'on en prend jusqu'à 40 et 50 milliers dans une seule *levée.*

les morues se retirent en pleine mer à des profondeurs considérables, et ne viennent jamais sur les bas-fonds. C'est vers l'automne que les harengs répandent sur nos côtes leurs œufs et leur laite. En général, les poissons de passage, qui descendent ou remontent une côte, ne s'y montrent pas sur tous les points; ils semblent affectionner plus particulièrement des parages déterminés, et préfèrent certaines eaux où ils stationnent d'habitude. Ils y arrivent alors en troupes si nombreuses et si serrées qu'ils forment des bancs immenses, et sont pour les pêcheurs d'une capture facile. Ainsi, les harengs, qui alimentent nos marchés, parcourent notre littoral depuis Dunkerque jusqu'à l'embouchure de la Seine; ils abondent dans ces parages depuis le mois de septembre jusqu'en février, quelquefois même jusqu'en mars. On a constaté, au contraire, que ces poissons se montraient sur les côtes de Saint-Pierre et de Miquelon vers le commencement de mai, tandis qu'au Petit-Nord ils ne paraissaient ordinairement qu'au mois de juin. Ces différentes circonstances ont été pour plusieurs écrivains le texte de merveilleuses descriptions.

M. Delasize, qui a traité ce sujet avec autant de

conscience que de talent (1), s'est exprimé en ces termes : « L'imagination de certains hommes a préféré s'abandonner à la poésie, qui résultait de l'apparition annuelle et régulière de ces pèlerins mystérieux, que d'étudier mûrement l'ensemble et les détails des faits, et d'en calculer la possibilité et les vraisemblances. » Ainsi, Anderson, sur quelques renseignements isolés, a tracé au hasard l'itinéraire de ces bandes voyageuses ; il a indiqué leur ordre de marche et a fait le dénombrement de leurs légions. Mais ces calculs prématurés ont été démentis par des observations plus judicieuses. D'après les opinions les plus accréditées, on croit aujourd'hui que les harengs habitent les profondeurs de toutes les mers du Nord, depuis le 55e degré de latitude jusqu'au voisinage du pôle ; qu'ils partent de ces grands réservoirs par bandes successives, une partie au printemps, une autre en été, et une troisième enfin en automne, pour aller frayer sur les côtes et surtout vers l'embouchure des fleuves.

La recherche des eaux, dont les ressources ali-

(1) Voyez *France maritime*, t. I, p. 208.

mentaires peuvent suffire aux besoins de toute la troupe, motive ces changements habituels de parages qu'on observe dans les migrations des poissons voyageurs, soit avant ou après l'époque du frai. « Des millions de morues, qui arrivent de la mer Glaciale, dit l'auteur de l'*Histoire générale des pêches*, se réunissent tous les ans à la fin de février dans le Lofoden du Nordland. Cette pêche est la plus renommée de tout le Nord. Depuis neuf cents ans qu'elle est fréquentée par les pêcheurs, les morues n'ont jamais manqué de s'y rendre ; elles y viennent frayer sur des fonds sablonneux très-favorables à la pêche. Il est constant que l'affluence périodique de ces poissons est due à la position particulière et privilégiée du Lofoden.

Ce golfe présente en effet une espèce de mer intérieure, mise à couvert des tempêtes par des îles qui, en opposant une barrière naturelle, contribuent à maintenir l'eau dans la température nécessaire à l'accomplissement du frai qui s'opère au mois de mars. » Toutefois, malgré cet exemple de la constante fécondité des mers et de cet instinct providentiel qui porte les poissons voyageurs à retourner périodiquement dans les mêmes parages, il est des circonstances fortuites qui peuvent retarder leur arrivée sur certaines côtes ou les écarter de leur route accoutumée durant leur migration. Les perturbations de l'atmosphère et leur action sur la mer doivent exercer une grande influence : les tempêtes et les ouragans soulèvent les flots et bouleversent les fonds dans le voisinage des terres ; les pluies orageuses et les débâcles occasionnées par la fonte des neiges ou les grandes inondations changent la température des eaux, les troublent vers l'embouchure des rivières et le long du littoral jusqu'à de grandes distances. Toutes ces causes éloignent les poissons ; cependant, malgré ces altérations accidentelles dans les parages qu'ils fréquentent d'habitude, il est, dans ce qui se passe au fond des mers, des phénomènes indépendants de ceux que nous voyons s'opérer habituellement sous nos yeux ; car les lois de la permanence et de la multiplication des espèces, en agissant dans cet élément sous l'influence d'un autre milieu, ne peuvent être troublées par les mêmes causes. Si, dans leurs migrations périodiques, les poissons voyageurs s'écartent parfois de leur route primitive ou bien

changent de direction pour suivre un autre itinéraire, leur apparition dans d'autres parages témoigne assez de la constante fécondité des eaux
et de cette prodigieuse variété de ressources que
la prévoyante nature a mises à la disposition des
pêcheurs. Pourtant il est des erreurs populaires
qui se sont accréditées au point de devenir des
croyances. Par une fausse analogie, on a jugé la
mer comme la terre, et, dès que quelque circonstance fortuite a diminué la pêche dans un de nos
ports, on a prétendu que les eaux n'étaient plus
aussi poissonneuses (1).

C'est dans le nord, observe l'illustre Cuvier,
que certaines espèces montrent la fécondité la plus
étonnante, et nulle part la mer ne nous offre rien
d'approchant de ces myriades de morues et de
harengs qui attirent chaque année des flottes en-
tières de pêcheurs. Les limites hydrographiques
des migrations de la morue se trouvent comprises
entre le 40ᵉ et le 60ᵉ degré de latitude, et les

____

(1) L'esprit des bonnes gens a été plus loin encore : il y a trois
ans qu'à Marseille un patron de barque m'assurait sérieuse-
ment que la pêche était très-précaire depuis la révolution de
juillet.

mers polaires semblent les réservoirs intarissables de cette espèce qu'on rencontre rarement en s'avançant vers le sud. Cependant, comme nous allons le voir, on pêche, dans le voisinage de la côte occidentale d'Afrique, deux autres espèces de gades et plusieurs autres beaux poissons, qui, sous les rapports économiques, pourraient soutenir la concurrence avec la morue de Terre-Neuve. Les renseignements que je vais donner sur la pêche qui se fait depuis le cap de Geer jusqu'à l'embouchure du Sénégal, et même au-delà du cap Vert, tendent à démontrer que la fécondité des eaux n'est pas moins extraordinaire dans les parages méridionaux que dans l'Océan septentrional, mais avec cette différence, qu'en se rapprochant des mers intertropicales, la quantité numérique résulte de la grande variété de poissons, tandis que dans le nord elle n'est relative qu'à trois ou quatre espèces. Les légions de brèmes, de gades, de physis, de sciènes, de serraus, et les autres bandes voyageuses qui fréquentent les bancs sablonneux de l'Afrique occidentale, remontent au nord à la fin de l'hiver pour descendre ensuite graduellement vers le midi. L'affluence

des poissons dans les parages que je viens d'indiquer, et qui comprennent tout le littoral du Grand-
Sahara, dépend en grande partie de la qualité du
fond. Le long de cette lisière de côte, dans les
endroits où la rive est basse et bordée de dunes
ou de falaises siliceuses, le fond de la mer s'assi-
mile par sa nature à la plage qui l'avoisine ; mais
sur les points où la côte, plus élevée, est rocail-
leuse, escarpée, montueuse, le fond se met en
rapport avec la constitution géognostique du littoral, et dès lors les poissons qui affectionnent
les plaines sous-marines des autres parages ne se
montrent plus en si grand nombre, et finissent
même par disparaître pour être remplacés par les
espèces sédentaires qui aiment les eaux vives et
se plaisent dans les grandes profondeurs. Les observations de M. l'amiral Roussin, et les cartes
qu'il a publiées sur sa reconnaissance de la côte
occidentale d'Afrique, n'indiquent que des fonds
de sable roux et de coquilles brisées sur un espace de plus de huit degrés en latitude, et du sable gris et vaseux près du littoral. L'affluence des
poissons sur ces fonds sablonneux semble déter-
minée par plusieurs causes : premièrement, par la

nécessité de venir déposer le frai dans des parages convenables à son développement; secondement, par l'état de la température des eaux sous cette latitude; troisièmement enfin, par l'abondance de nourriture qu'ils trouvent dans cet espace de mer où pullulent des myriades de petits crustacés, de céphalopodes et d'autres animaux marins qu'attirent les fonds de vase, les bancs de sargasse des environs, les masses de fucus qui s'en détachent et que les courants du *Gulf-Stram* refoulent souvent jusque sur la côte. A ces circonstances, qui prédominent dans ces plaines et sur ces plateaux sous-marins, il faut ajouter encore la présence de bandes d'anchois, de bogues, de capelans, de sardines, de tassards, de maquereaux qui se montrent à certaines époques, et dont les grandes espèces font habituellement leur proie. Quant aux migrations constantes et alternatives que les pêcheurs canariens ont observées le long du littoral et qui portent les poissons à se diriger au nord, pendant le printemps et l'été, pour descendre ensuite vers le sud durant les autres saisons, cette marche, en rapport avec celle du soleil, pourrait bien avoir pour motif la recherche des eaux où la tempéra

ture est la plus convenable à l'existence des espèces voyageuses et à l'accomplissement du
frai.

Mais il est aussi une autre observation qui se
rattache aux hypothèses les plus probables sur
l'affluence extraordinaire des poissons dans les
parages indiqués. On a remarqué que les espèces
voyageuses s'engageaient de préférence dans les
bras de mer où les courants généraux se faisaient
sentir avec le plus d'intensité, et qu'elles remontaient ces courants comme les oiseaux de passage
qui volent toujours contre le vent. Ainsi, en pé-
nétrant dans la Méditerranée ou en quittant ce
bassin pour entrer dans l'Océan, les innombrables espèces qui alimentent le marché de Gibraltar
et des autres villes du détroit remontent constamment les courants des deux côtes. Les poissons
voyageurs se montrent aussi en troupes nombreuses dans le golfe de Valence, entre les îles Baléares
et le cap Saint-Martin; dans le détroit de Bonifacio, entre la Corse et la Sardaigne; ils abondent
dans le phare de Messine et dans le golfe de Venise; les bras de mer qui séparent les îles de l'archipel grec, le canal des Dardanelles et celui du

Bosphore, en un mot, tous les détroits et les golfes
de la Méditerranée où les courants exercent leur
influence, sont reconnus par les pêcheurs comme
les meilleures stations poissonneuses de ce vaste
bassin. Mais ces observations sont aussi applicables aux autres mers, à l'Océan et à la mer Balti-
que, par exemple, où des causes analogues déterminent dans certains parages le passage plus
fréquent des bandes voyageuses. Sur la côte occidentale d'Afrique, et principalement dans cette
longue vallée de l'Atlantique comprise entre le littoral du Sahara et les îles adjacentes, l'action des
courants du *Gulf-Stram* étant plus intense sur les
acores des bancs, les pêcheurs canariens trouvent
toujours là une pêche plus abondante. En général,
les poissons semblent affectionner davantage les
parages où le mouvement de translation des eaux
est plus constant et plus rapide. C'est sur le banc
d'Arguin, dans les baies d'Agadir, de Saint-Cyprien et d'Agra de Ruivos, aux bouches du Noun
et de la Schlima (1), au Rio de Oro, aux attérages

(1) Ces deux rivières ont été confondues dans plusieurs cartes
sous le nom de *Wouadi Noun*. Voyez plus haut les renseignements
sur leur position respective

du cap Barbas et du cap Blanc, sur les barres du Sénégal, dans la baie de Gorée et à l'embouchure de la Gambie, qu'on rencontre en masses plus compactes ces phalanges voyageuses qui, depuis plus de trois siècles, fournissent leurs tributs aux îles Canaries. C'est encore dans les eaux de cet archipel que les thons se montrent en plus grand nombre lorsqu'ils sillonnent l'Océan dans leurs migrations lointaines, et là encore ces superbes scombres choisissent pour leur point de ralliement un détroit de trois ou quatre milles de large où les courants de la mer canarienne se manifestent avec le plus de force.

La grande collection de poissons que **M. Webb** et moi avons rapportée de ces parages se compose de plus de cent espèces : elle offre plusieurs poissons curieux, rares ou nouveaux, dont la présence dans les eaux de l'archipel canarien assigne à cette région ichthyologique des caractères analogues à ceux que nous avons déjà signalés pour le faune et la flore de la contrée. Cette ichthyologie se compose : premièrement, d'un grand nombre de poissons de notre **Méditerranée** et des côtes occidentales de la **Péninsule** hispanique; seconde-

ment, de plusieurs espèces africaines ou spécialement canariennes ; et troisièmement, de quelques
autres identiques ou analogues à celles qu'on pêche entre les tropiques et plus particulièrement
aux Antilles ou sur les côtes de l'Amérique méridionale. Les poissons de cette troisième catégorie
se montrent sous cette latitude comme des échan-
tillons erratiques d'un autre centre de création, et
sont pourtant en assez grand nombre pour donner à l'ichthyologie canarienne un air d'étrangeté
remarquable. La répartition hydrographique des
poissons de ces parages présente en outre cette
particularité : la plupart de ceux qui appartiennent à des genres américains, c'est-à-dire qui se
rapprochent par leur organisation des poissons
du nouveau continent, se trouvent en plus grand
nombre dans les eaux des Canaries occidentales, tandis qu'on pêche plus généralement les
autres, c'est-à-dire ceux qui se rapportent aux
espèces de la Méditerranée, dans la partie
orientale de l'Archipel ou le long de la côte voisine.

Mais quelle est la cause qui motive, dans la
mer canarienne, la présence de plusieurs poissons

d'Amérique, et établit dans cette région maritime une sorte de passage entre l'ichthyologie de l'O-rient et de l'Occident? Les espèces du Nouveau Monde, qu'on rencontre dans le voisinage des Ca-naries, se sont-elles égarées à travers l'Océan jus-que dans ces parages, ou faut-il croire aussi bien à leur préexistence dans cette région qu'à l'ori-gine de celles qui se propagent dans ses eaux? Je ne chercherai pas à résoudre ce problème d'ich-thyologie transcendante; la loi de la répartition des espèces dans les différents climats n'est pas facile à saisir. La nature, en circonscrivant à son choix les berceaux de certains types, n'a souvent tenu aucun compte des distances qui les séparent, puisque tantôt elle a réuni dans des régions diffé-rentes les espèces des contrées les plus éloignées, et que tantôt elle a refusé cette conformité de productions à des pays plus rapprochés qui sem-blaient réunir les mêmes conformités d'existence. Ces bizarres anomalies se lient aux causes pre-mières; ce sont de secrètes combinaisons qui se sont opérées dans le silence de la création et que les faits existants révèlent sans les expliquer. Dans l'état actuel de nos connaissances, il ne nous est pas plus donné de pénétrer le mystère de ces origines que celui de la stabilité des espèces dans tel centre de création, ou de leur propagation expansive et de leurs migrations dans d'autres contrées. Cependant, quelques faits bien constatés pourraient faire soupçonner à la rigueur que les poissons américains, qu'on pêche dans la mer canarienne, émigrent de l'ancien continent en traversant l'Atlantique, et qu'un certain nombre se fixent dans ces parages pour y multiplier leur espèce, puisque quelques-uns s'y montrent sous des dimensions qui indiquent des différences notables dans l'âge des individus.

Les poissons de passage, comme les oiseaux de grand vol, sont dotés d'une force de natation qui leur permet de franchir des distances considérables avec une grande célérité. Du reste, les poissons ont sur les oiseaux l'avantage de toujours rencontrer dans leur migration quelque aliment à engloutir, sans avoir besoin de s'arrêter en route. Y a-t-il rien de comparable à la vivacité, à la souplesse de mouvement de ces resplendissantes dorades qu'on rencontre sous les tropiques? Qui n'a pas admiré cette puissance locomotive que la nature leur a si largement répartie, lorsque, parcourant les eaux d'un navire à pleine voile, elles coupent son sillage comme des éclairs argen- tés, passent de l'avant à l'arrière, et s'élancent hors de l'onde en chassant devant elles les bandes de poissons-volants? Il n'est pas un voyageur qui, en traversant l'Atlantique, n'ait observé comme moi ces brillantes coryphènes et les bonites lé- gères qui se jouent dans le remou, les poissons pilotes qui s'attachent au vaisseau et se plaisent dans son écume, les légions de thons, dont la pê- che providentielle fait la joie de l'équipage, et ces dauphins navigateurs que le marin signale de loin comme un heureux présage : avant-coureurs d'un vent frais, ils arrivent du bout de l'horizon, bon- dissent sur la lame comme pour saluer le navire, plongent sous sa quille, le croisent dans sa mar- che, s'éloignent et reviennent dans un clin-d'œil pour recommencer vingt fois leurs évolutions. Et le terrible requin, aux sinistres traditions, tou- jours de l'arrière, prêt à engloutir ce que la fata- lité, le hasard ou la ruse viendront offrir à sa voracité. Tous ces poissons, que la nature répartit dans différentes régions maritimes, s'égarent souvent au loin à la suite des vaisseaux qui sillonnent l'Océan depuis que la navigation a étendu son empire. Ainsi, les carcharias, guidés par leur instinct dévorateur, apparurent en foule sur la côte occidentale d'Afrique dès que les bâtiments négriers commencèrent à la fréquenter. On sait aussi que ces redoutables squales, inconnus des anciens, pénètrent maintenant dans la Méditerranée pour venir ravager nos madragues. Sous l'Empire, les vieux pêcheurs de Marseille se rappelaient avec regret les dorades qui étaient tombées dans leurs filets à l'époque où le commerce des deux Indes amenait dans la rade un grand nombre de bâtiments. Pendant les vingt années de guerre qui précédèrent la Restauration, l'interruption des grandes expéditions maritimes avait éloigné de ces parages les coryphènes voyageuses ; mais au retour de la paix, lorsque la navigation au long cours eut repris son activité première, ces poissons se montrèrent de nouveau avec les navires qui revenaient des colonies, et depuis lors on pêche encore de temps en temps quelques dorades dans les eaux du golfe de Lyon. M. Valenciennes a cité ce fait, que je lui avais signalé, dans

un mémoire lu à l'Institut (1); il a parlé aussi
de deux fanfres (*Scomber ductor Bl.*), qui ont
suivi un vaisseau jusqu'à Portsmouth; cette même
espèce a été pêchée plusieurs fois à l'embouchure du port de Marseille, où stationnent les
navires quarantenaires, et des bonites ont été
prises dans la rade. Il est question encore
d'un chétodon d'Amérique pêché dans la Ta-
mise.

Tous ces faits peuvent servir à expliquer la présence de certains poissons américains autour de
l'archipel canarien. Ce groupe d'îles, par sa position géographique, offre une échelle de relâche
aux bâtiments de toutes les nations; la rade de
Sainte-Croix est devenue le caravansérail des navigateurs, les vaisseaux qui s'y arrêtent à leur passage viennent parfois s'y ravitailler à leur retour. Ténériffe, Palma et la Grande-Canarie, qui
entretinrent jadis des relations avec les ports du
Mexique, de Vénézuéla et des anciennes possessions
espagnoles de l'Amérique du sud, continuent aujour-
d'hui un commerce très-actif avec Cuba et Puerto-

____

(1) *Comptes-rendus hebdomadaires des séances de l'Académie
des sciences*, 2ᵉ sémestre, nᵒ 16, octobre, p. 719.

Rico (1). Quatre-vingts bâtiments américains, expédiés chaque année de New-York, de Boston, etc., traversent l'Océan et viennent échanger leur cargaison pour du vin des Canaries. Cette incessante circulation de l'Occident vers l'Orient a dû amener dans ces parages des poissons de l'autre bord de l'Atlantique. A ces faits de quelque importance dans la question d'origine, il faut en ajouter d'autres encore : le fond de la mer aux alentours des Canaries doit présenter de grandes analogies avec celui des Antilles volcaniques, car de part et d'autre des révolutions violentes semblent avoir isolé ces archipels des continents adjacents. Les productions marines sont à peu près semblables ; les mêmes algues, les mêmes fucus s'y reproduisent, et la différence en latitude n'est pas assez considérable pour occasionner de grands changements dans la température des eaux. Il est donc probable que certaines espèces de poissons de la zône torride, et plus particulièrement de la mer des Antilles, aient pu trouver dans ces parages les mêmes conditions d'existence pour s'y

(1) Voyez *Histoire naturelle des îles Canaries*, par Webb et Berthelot, tom. ii, 1ʳᵉ partie, p. 260 et suiv.

maintenir et s'y propager ; mais on peut admettre aussi que la nature, dans ses créations primitives, ait doté cette région de plusieurs espèces identi- ques ou analogues à celles qu'on retrouve dans les mers intertropicales et sur les côtes orientales du continent américain. Quoi qu'il en soit, je ne pous- serai pas plus loin des considérations dont on ne saurait tirer que des hypothèses plus ou moins probables, et je terminerai ce faible aperçu par l'énumération des principales espèces de la région maritime sur laquelle je veux appeler l'attention, afin qu'on puisse juger d'un coup-d'œil de ses ri- chesses ichthyologiques et des immenses ressour- ces qu'elles offrent à l'industrie des pêcheurs.

CHAPITRE DEUXIÈME.

CHAPITRE DEUXIÈME.

CATALOGUE DIDACTIQUE

Des principales espèces de poissons que l'on pêche aux îles Canaries et dans les parages adjacents de la côte occidentale d'Afrique.

Le titre de *didactique* que j'ai donné à ce catalogue explique assez le but que je me suis proposé. Je n'ai pas l'intention de présenter dans ce chapitre la nomenclature méthodique des différentes espèces que je vais mentionner; je veux simplement y consigner les renseignements les plus utiles sur les poissons des parages que je signale. Les eaux qu'ils fréquentent d'habitude, les fonds où ils stationnent de préférence, les époques de leurs migrations, leur abondance, leurs qualités comestibles, les ressources alimentaires qu'ils fournissent aux populations, les avantages que le commerce en retire, en un mot tout ce qui peut intéresser sous les rapports économiques, telles sont les notions variées que je porte à la connaissance de mes lecteurs. Je ne m'attache pas à décrire *scientifiquement parlant,* car ces sortes de descriptions ne sauraient servir assez pour faire distinguer les nouvelles espèces, ni mieux faire connaître celles qui le sont déjà par les dénominations vulgaires que l'usage a consacrées. L'étude consommée de l'ichthyologie peut seule conduire à cette connaissance à la fois théorique et pratique. Encore, malgré toutes les prévisions de la science, ses méthodes et sa logique, les savants eux-mêmes sont-ils parfois dans le doute sur l'application d'un nom ou l'identité d'une espèce, et nous les voyons le plus souvent avoir recours à la comparaison des types naturels ou figurés. Cette insuffisance de la glossologie, jointe à tout ce que doit offrir de fastidieux pour les gens du monde une longue répétition de mots techniques et de diagnoses formulées *ex-professo,* m'a déterminé à

suivre une marche plus simple et plus à la portée
de chacun. Les dénominations qui appartiennent
à la nomenclatnre scientifique sont rapportées
en note dans mon catalogue : je désigne toujours
les poissons par leurs noms usuels, généralement
admis parmi les pêcheurs, et que je traduis, s'il
y a lieu, par ceux vulgairement connus dans nos
marchés, car ils pourront suffire aux armateurs,
aux marins ou aux spéculateurs qui, désirant
profiter de mes renseignements, voudront exploiter le nouveau champ que je livre à leur industrie.

Dans l'ordre naturel aussi bien que dans la clas-
sification méthodique, j'aurais dû placer le *Bar*
parmi les percoïdes au lieu de le confondre avec
les sciènes à l'exemple de Bloch. Mais, je l'ai déjà
dit, je ne tiens pas à présenter un classement ri-
goureusement scientifique; ce n'est ni un *systema*
ni un *species* que je publie : je n'aspire pas même
aux honneurs du *synopsis*. Suivant le cas, je range
les poissons d'après leurs stations maritimes, ou
bien je les réunis par catégories d'après les dénominations collectives usitées chez les pêcheurs;
afin qu'il soit toujours facile de s'enquérir au besoin auprès d'eux, à l'aide de mes indications et

de mes renseignements, des différentes espèces dont je fais mention, car ces braves gens ont aussi leur nomenclature, et c'est celle-là que j'ai cru devoir suivre de préférence pour le but que je me suis proposé.

PERCOÏDES.

(*Le Pomatome télescope* ou *Boca negra.*)

Le Pomatome télescope (1), que **M.** Risso a ainsi nommé à cause de ses grands yeux, est une espèce excellente et très-recherchée, qui séjourne dans les grandes profondeurs par **250** brasses environ. On le pêche également dans les eaux de Nice et dans le canal de Messine, mais bien moins fréquemm entqu'aux îles Canaries, où il est connu sous le nom de *Boca negra.* Son poids moyen est de 4 à 5 kilogrammes.

LES GRANDS SERRANS OU BREMAS.

(*Le Mero.*)

Les Isleños désignent sous le nom de *Bremas* toutes les grandes espèces de serrans qu'ils vont

(1) *Pomatomus telescopium.* Riss (Voy. *Hist. nat des Can.*, Zool., poiss., Pl. Ire.

pêcher dans le bras de mer qui sépare les Canaries de la côte adjacente.

Le *Mero* (1) des pêcheurs est un beau poisson, à la chair savoureuse, qui fréquente habituellement les attérages des îles à la profondeur d'environ 150 brasses, et qu'on rencontre aussi sur le littoral de l'Afrique avec d'autres espèces congénères. Il atteint souvent de grandes dimensions et peut peser alors jusqu'à 10 kilogrammes. Les Isleños lui donnent aussi le nom d'*Urada* ou d'*Ural*.

Soit qu'on considère ce poisson sous le rapport de sa forme, de sa couleur, de sa taille ou de son goût, il offre beaucoup de ressemblance avec le grand serran de la Méditerranée (2), le *Merou* des pêcheurs provençaux, ou l'*Anfonsou* de ceux de Nice, avec lequel il ne diffère peut-être que par sa nageoire caudale qui est un peu arrondie au lieu d'être échancrée.

DIGRESSION. Broussonet, qu'on peut citer comme autorité pour ses connaissances en fait de pois-

____

(1) *Serranus fuscus.* Low.
(2) Le Serranus gigas des ichthyologistes.

sons, faisait un grand cas du *Mero*. Ce savant naturaliste, qui résida long-temps aux îles Canaries en qualité de consul de France, n'aimait pas seulement les poissons en ichthyologiste, mais il savait aussi les estimer en bon gastronome, et le *Mero* était pour lui le mets le plus délicat. Un matin les pêcheurs du port de l'Orotava lui en apportèrent un de grande taille qu'il acheta sans marchander, et le jour même plusieurs de ses amis furent invités à dîner chez lui. Personne ne manqua au rendez-vous, car Broussonet s'était acquis la réputation d'un véritable amphitryon. La table était servie dans le vestibule avec les accessoires obligés; un immense plat, entre deux saucières, sur lequel figurait le délicieux poisson, en occupait seul tout le centre. Chacun, s'imaginant d'abord qu'en certaines occasions il était d'usage chez les Français de ne pas commencer par la soupe, se mit en devoir de faire honneur à ce premier plat. Broussonet soignait son monde, sans s'oublier lui-même, et s'empressait de servir de nouveau les plus expéditifs. Depuis un quart d'heure le *Mero* circulait à la ronde; après en avoir mangé à l'huile, il fallut en tâter à la sauce piquante;

bref, le consul ne làcha prise que lorsqu'il vit le poisson réduit à sa plus simple expression. Alors notre gourmet se lança dans la diététique ; ce fut un éloge du *Mero* des plus complets, des fleurs de rhétorique que le savant gastronome jeta comme un tribut de reconnaissance sur les derniers restes de l'habitant des mers. Mais à tout cela les convives ne trouvaient pas leur compte ; ils s'attendaient à autre chose, et le Prieur des Dominicains, présent à la fête, n'était pas le moins désappointé. Le gros révérend, afin de se réserver pour des pièces plus substantielles, s'était avisé de résister une fois, durant l'attaque du *Mero*, aux instances réitérées de Broussonet, et commençait à se repentir de son abstinence. Tandis qu'il rognait son pain en buvant quelques rasades, il regardait de temps en temps vers la porte et se dépitait de ne voir rien venir : *Décidément, il nous prend pour des chartreux,* disait-il tout bas à son voisin, qui m'a raconté l'anecdote. Broussonet le tint ainsi quelques instants dans cette cruelle incertitude ; mais, à un signal convenu, la porte du vestibule s'ouvrit à deux battants, et une table confortablement garnie s'offrit aux regards enchantés des

convives : — « Si je vous avais donné un dîner ordinaire, leur dit alors l'aimable amphitryon, mon
pauvre poisson ne serait venu qu'après la soupe
et le *puchero* (1)..., il fallait l'offrir seul pour qu'on
lui fît l'honneur qu'il méritait. Maintenant que le
prologue a obtenu son succès, passons aux trois
actes. » — « Vous êtes un *encantador !* » s'écria le
Prieur en se dirigeant vers l'autre table.

(*Le Cachoro* et *la Sama.*)

Au *Mero* des Islenos, bien digne sous tous les
rapports de figurer en tête des serrans de première taille, il faut ajouter le *Cachoro* (2), qui
l'égale presque en grandeur, et la *Sama* (3), très-
estimée aussi aux Canaries, mais dont le poids
dépasse rarement deux kilogrammes et demi.

(1) Les insulaires des Canaries appellent ainsi le plat national
auquel les Espagnols de la Péninsule ont donné le nom d'*Olla
podrida*.

(2) *Serranus caninus*. Val.

(3) *Serranus acutirostris*. Cuv. Val. (Voy. *Hist. nat. des
Can.*, Zool., poiss., Pl. III.

LES PETITS SERRANS.

*(La Vaca, le Mero de tierra, l'Afoncino, la Cabrilla
et le Ray de las orillas.)*

Cinq autres espèces de serrans, moins importantes à cause de leur petite taille, se rencontrent fréquemment dans la mer canarienne.

1° *La Vaca* (1), ainsi nommée par les pêcheurs
de Lancerotte, et que ceux d'Italie appellent *Va-
chetta*.

2° Le serran frangé (2) ou le *Mero de tierra*,
qui n'est peut-être que le *Mero* ordinaire dans son
jeune âge.

3° Le serran barbier (3) ou *l'Afoncino*.

4° *La Cabrilla* (4), dont les Isleños font grand
cas et qu'on pêche très-abondamment dans tout
l'archipel canarien.

5° Le serran échancré (5) ou le *Ray de las orillas*, qui se tient près de terre sur les fonds de
roche.

(1) *Serranus scriba.* Cuv. Val.
(2) *Serranus fimbriatus.* Low.
(3) *Serranus anthias.* Cuv. Val.
(4) *Serranus Cabrilla.* Cuv. Val.
(5) *Serranus emarginatus.* Val.

LES VIVES.

(La Vive ou tête rayée ou l'Araña.)

Cette espèce (1), dont les pêcheurs redoutent
la piqûre, est fort estimée pour le goût exquis de
sa chair, qui est ferme sans être dure ; elle fait,
suivant l'expression de Duhamel, l'honneur des
bonnes tables, et peut se conserver assez long-
temps au moyen d'une demi-salaison. Les auteurs
de l'*Encyclopédie méthodique* ont dit, en parlant
de la piqûre de la vive, « que les pêcheurs seraient plus attentifs à éviter ce poisson qu'à le rechercher, si l'appât du gain n'agissait sur eux plus
puissamment que la crainte de s'exposer à une
espèce de tourment. » Mais la faveur dont jouit la
vive depuis long-temps a fait braver ses blessures
que l'on a du reste beaucoup trop exagérées. Je
puis assurer que les pêcheurs des Canaries s'en
embarrassent fort peu.

LES MULLES.

(Le Rouget-barbet ou Salmonete.)

On pourrait tirer un parti avantageux de ce

(1) *Trachinus radiatus.* Cuv.

mulle (1), qu'on pêche abondamment à l'orient des îles Canaries, soit en le conservant au moyen de la salaison, soit en le faisant mariner comme le thon et le saumon. L'espèce dont il est ici question est la même que celle de la Méditerranée ; mais il est rare qu'elle acquière dans cette mer de grandes dimensions. Horace a cité un mulle de trois livres comme s'il eût parlé d'un phénomène :

> . . . . Laudas, insane, trilibrem
> Mullum, in singula quem minuas pulmenta necesse est.
> Ducit te species, video : quo pertinet ergo
> Proceros odisse lupos ? quia scilicet illis
> Majorem natura modum dedit, his breve pondus.
>
> Horat. lib. ii , sat. 2.

Le poète Martial a fait mention d'un autre rouget dont le poids s'élevait à quatre livres :

> . . . . Mullus, tibi quatuor emptus
> Librarum, cœnæ pompa caputque fuit.
>
> Mart. Epig., lib. x.

Les gastronomes romains auraient sans doute acheté à un prix fou un rouget de l'*Angra dos Ruyvos*, ou du cap Bojador ; car on en pêche souvent dans ces parages qui pèsent plus de huit livres, et ceux que j'ai vu prendre sous mes yeux,

____

(1) *Mullus barbatus*, Lin.

sur la côte de la grande Canarie n'étaient guère plus petits.

Noël de la Morinière a fait connaître jusqu'à quel point les Romains s'étaient passionnés pour les rougets dans ces siècles de prodigalité où le luxe de la table acquit une célébrité si scandaleuse. Ce morceau plein d'érudition, que je transcris ici en entier, est tiré de l'*Histoire générale des pêches*, ouvrage justement recommandable par sa haute importance, mais que la mort prématurée de son auteur a laissé inachevé.

« Le *Mulle* fut un des poissons les plus recherchés
» dans Rome dégénérée, celui sur lequel s'exerça le
» plus la sensualité des Césars et des grands de
» l'empire, avilis par l'emploi coupable des dé-
» pouilles du monde. Il est difficile de se faire une
» idée du prix considérable que les Romains met-
» taient à ce poisson; et, comme il ne parvient
» jamais à une grande dimension, ils n'hésitaient
» pas à le payer au poids de l'or quand il était au-
» dessus d'une taille ordinaire.

» Sénèque et Suétone ont consigné dans leurs
» écrits le tableau des goûts désordonnés que
» l'usage du mulle introduisit dans les festins des

» riches. On y voit avec quel raffinement de cruauté
» chaque convive faisait expirer dans sa main le
» mulle qui devait lui être servi, pour jouir du
» spectacle varié des couleurs qui se succédaient
» sur la peau du poisson mourant. Tout ce que le
» luxe effréné peut enfanter de caprices bizarres
» fut employé en honneur de ce poisson. Nous
» nous garderions de le ranger au nombre des es-
» pèces utiles, si le reproche de ces folies ne retom-
» bait tout entier sur ces riches et fastueux Ro-
» mains, qui dégradaient, en quelque sorte , une
» des meilleures productions de la mer. On don-
» nait un traitement excessif aux affranchis char-
» gés de le faire cuire. Le talent d'un bon cuisi-
» nier était quelquefois mieux payé que la science
» militaire d'un bon général. On servait le mulle
» sur des plats enrichis de pierres précieuses, avec
» un assaisonnement qui coûtait souvent aussi cher.
» Sous Héliogabale , l'extravagance fut poussée à
» un tel degré, que cet empereur étant dégoûté
» des mulles, quoique d'ailleurs ils fussent de-
» venus assez rares , ordonna, suivant Lampride ,
» qu'on lui servît un plat composé de barbillons de
» ces poissons , d'où l'on peut juger de la quan

» tité qu'il fallut en réunir pour satisfaire un goût
» aussi insensé.

» Les mulles pêchés dans les eaux du détroit de
» Gadés étaient réputés excellents,

Dat rhombos Sinuessa , Dicarchea littora pagros ,
Herculeæ mullum rupes.....

» Il en était de même de ceux des mers de Sicile
» et de Corse. Après eux venaient, s'ils ne les éga-
» laient en réputation, les mulles d'Exone, petite
» ville du territoire d'Athènes, et ceux de Ti-
» chiunte, port dans la dépendance de Milet. Le
» prix de ces poissons, dont une mode inexcusable
» avait établi la renommée, était quelquefois ex-
» cessif. L'empereur Tibère, au rapport de Séné-
» que (1), mit à l'encan, entre Apicius et Octavius,
» un mulle du poids de quatre livres, et le vendit
» 4,000 sesterces. On estimait davantage ceux
» qu'on prenait en pleine mer; on les préférait à
» ceux qui étaient pêchés près des côtes. La tête
» et le foie étaient les parties les plus recherchées,
» celles qu'on dévorait avec une sorte de fureur
» dans les plus grands de ces poissons, qui, sui-

(1) Seneca , *Epist* 95.

» vant Galien, n'avaient pas la chair aussi délicate
» que les mulles de moindre taille. D'autres es-
» pèces, confondues avec la précédente, parce que
» leur forme les en rapproche beaucoup, furent
» comme elle l'objet de ces prodigalités méprisa-
» bles, et en partagèrent le déshonneur. Ce pois-
» son, facile à reconnaître, est un de ceux qu'on
» a trouvés le plus fréquemment peints dans les
» tableaux à fresque mis à découvert par les fouilles
» faites à Herculanum et à Portici (1). »

JOUES CUIRASSÉES ou PECES RUBIOS.

LES RASCASSES OU SCORPÈNES, LES SEBASTES ET LES TRIGLES.

Les espèces que les pêcheurs isleños désignent
collectivement sous le nom de poissons rouges
(PECES RUBIOS), sont en très-grand nombre dans
la mer canarienne, et plus encore sur certains
points de la côte d'Afrique, surtout à l'*Angra dos
Ruyvos* (la baie des rougets), entre le cap Blanc
et le Rio de Oro. On trouve là des rascasses ou

(1) La Morinière, *op. cit.*, p. 170 et suiv.

scorpènes (1), des sebastes (2), et des tri
gles (3).

SCIÉNOÏDES.

LES SCIÈNES OU CURBINAS.

(L'Ombrine, le Corb et *le Bar.)*

L'Ombrine des Canaries (4) ou le *Verrugato* est
une des espèces les plus recherchées de ces mers ;
elle fréquente, avec les grandes percoïdes, les
attérages de l'Afrique occidentale, et atteint souvent le poids de 7 à 8 kilogrammes.

Les sciènes, que les pêcheurs isleños désignent
généralement sous le nom de *Curbinas*, bien qu'ils
en distinguent plusieurs espèces, sont de gros
poissons du poids de 10 à 15 kilogrammes. On

---

(1) *Scorpæna scrofa.* Lin., vulg. *Roncasio* ou *cantarero.*
  Scorpæna porcus. Lin., vulg. *Rascasio.*
  Scorpæna filamentosa. Val., vulg. *Colorado*
(2) *Sebastes kuhlii.* Lowe. (Voyez *Hist. nat. des Can.*, Zool.,
    poiss.. Pl. II, fig. 1.
  Sebastes filifer. Val., vulg. *Rascasio de afuera.* (Voyez
    id. , *id.* , Pl. II, fig. 2.
(3) *Trigla volitans.* Lin., vulg. *Rubio.*
  Trigla lineata. Lin., vulg. *Rubio chato.*
  Trigla lucerna. Cuv. Val., vulg. *Rubito.*
  Trigla hirundo. Lin., vulg. *Rubio volador.*
(4) *Umbrina canariensis.* Val.

les rencontre par grandes bandes au Rio de Oro et tout le long de la côte d'Afrique, depuis le cap de Noun jusqu'au cap Blanc; on en prend aussi beaucoup sur le banc de sable qui barre la baie d'Arguin. Ce n'est pas sans raison que Georges Glas (1) rangeait les sciènes parmi les meilleurs poissons de ces parages : l'espèce que les pêcheurs apportent ordinairement dans les marchés des îles est la *Sciène noire* ou le *Corb* (2), qui est en grande réputation parmi les gourmets et à laquelle ils ont soin de conserver la tête comme un des morceaux les plus friands. Ils en font de même avec l'ombrine que j'ai mentionnée plus haut, et, sous ce rapport, il faut convenir que ces deux espèces ne le cèdent en rien au fameux *Maigre*, dont Cuvier a illustré l'histoire (3).

DIGRESSION. « Les pêcheurs de Rome, dit-il, » étaient autrefois dans l'usage d'offrir la tête de

(1) Voyez au chapitre suivant les renseignements fournis par ce navigateur sur la pêche canarienne.

(2) *Sciæna nigra.* Bl.

(3) Voyez sa notice sur le *Maigre* ou la *Sciæna umbra*, insérée dans le premier volume des *Mémoires du Muséum d'histoire naturelle. p.* 1.

» ce poisson aux trois magistrats nommés *con-*
» *servateurs de la cité*, comme une sorte de tribut,
» de façon qu'on ne pouvait en manger que
» chez eux, ou par leur courtoisie. *Paul-Jove* fait
» même à ce sujet un conte que je rapporte sans
» scrupule, parce qu'il prouve en quel honneur
» le *Maigre* était de son temps.

» Un fameux parasite, nommé *Tamisio*, plaçait
» son valet en embuscade au marché, pour être
» informé des maisons où allaient les bons mor-
» ceaux; ayant appris un jour qu'il était arrivé un
» Maigre plus grand que de coutume, il se hâta
» de faire visite aux conservateurs, dans l'espoir
» qu'on le retiendrait et qu'il aurait sa part de la
» tête; mais il n'avait pas encore monté les degrés
» du Capitole, qu'il vit repasser cette tête que
» les conservateurs envoyaient couronnée de
» fleurs au cardinal *Riario,* alors en grand crédit,
» comme neveu du pape Sixte IV. Tout réjoui que
» ce friand morceau fût destiné à un prélat qu'il
» connaissait, et à qui il pouvait sans crainte de-
» mander à dîner, Tamisio s'empressa de se met-
» tre à la suite des gens des conservateurs; mais,
» pour le malheur du parasite, Riario eut une

» autre idée : « Il est juste, dit-il, que la tête d'un
» si beau poisson aille au plus grand des cardi-
» naux», et il l'adressa à un de ses collègues, le
» cardinal *Frédéric de Saint-Séverin*, que les mé-
» moires du temps présentent comme d'une taille
» démesurée. Nouvelle course pour Tamisio et
» nouvel incident. Saint-Séverin, qui devait beau-
» coup d'argent au riche banquier *Augustin Chigi*,
» fut bien aise de lui faire une politesse ; il lui
» envoya la tête sur un plat d'or. Cette fois, il
» fallut la suivre au-delà du Tibre, où *Chigi* faisait
» bâtir le joli palais de la Farnesine, que les
» chefs-d'œuvre de Raphaël et du Sodoma ont
» rendu si célèbre ; mais *Chigi* encore ne la garda
» point : il fit renouveler les fleurs que le soleil
» avait fanées, et l'envoya à sa maîtresse, courti-
» sane alors en vogue, qui demeurait près du
» pont Sixte ; ce fut là seulement que le pauvre
» Tamisio, vieillard gros et replet, après avoir
» couru toute la ville par une chaleur ardente,
» put se repaître à son aise de l'objet d'une si
» violente convoitise. »

On conviendra qu'un poisson, que les grands de
Rome regardaient comme un présent magnifique,

et qui faisait braver à un vieux gourmand le soleil d'Italie, durant la plus forte chaleur de la journée, méritait bien une place dans les livres des ichthyologistes. Je n'ai pas rencontré, je l'avoue, aux îles Canaries des gens aussi friands que le parasite Tamisio, mais je puis assurer pourtant que les sciènes y sont en grande faveur. Un chargement de poisson salé dans lequel les sciènes dominent sur les autres espèces, obtient toujours la préférence. Avec une tête de *curbina* au court-bouillon, fortement assaisonnée, et garnie de pommes de terre, un Isleño fait un repas de roi.

Terminons cette digression à laquelle a donné lieu l'anecdote rapportée par Paul Jove, et que je viens de reproduire d'après Cuvier, par quelques observations qui ne sont pas ici sans importance. Le *Maigre*, cette espèce si recherchée des pêcheurs de la Méditerranée, semble avoir fui de nos jours les parages où il se montrait autrefois avec le plus de fréquence. Cuvier fait remarquer avec raison que le *Maigre*, bien connu à Paris au xvie siècle, a fini par disparaître des marchés de la capitale. C'est à peine s'il en arrive aujourd'hui deux ou trois individus dans le courant de l'année. Cependant, à l'époque que j'ai citée, la pêche du *Maigre* était assez abondante dans les eaux de la Rochelle et à l'embouchure de la Loire : ce poisson se montrait même quelquefois dans la Manche, où les pêcheurs le revoient encore de temps en temps. Duhamel assure que plusieurs années avant l'impression de son ouvrage, les *Maigres* avaient quitté les bords de l'Aunis pour aller peupler les côtes de la Biscaye. « Dans l'Océan, dit-il, cette espèce n'est que » de passage et s'arrête peu aux mêmes lieux. Les » *Maigres* arrivent par bandes dans les mois de » mai, de juin et de juillet; on en fait alors la » pêche dans le Perthuis, entre l'île de Ré et la » rivière Saint-Benoît ; parfois, on en voit encore » quelques-uns jusqu'à la fin d'août. »

D'autre part, les traditions des pêcheurs et les remarques consignées dans les livres des ichthyologistes nous prouvent que la Méditerranée a été de tout temps la région maritime que le *Maigre* semble avoir choisie de préférence. Les côtes du Languedoc et de la Provence l'ont toujours possédé ; il est assez fréqueut dans la baie de Nice, dans le golfe de Gênes et sur le littoral des États romains, où, du temps de Paul Jove, on en prenait beau-

coup aux embouchures des fleuves avec les esturgeons; il se plaît encore dans les eaux de la Gaëte
et de Naples, ainsi qu'à l'extrémité de l'Italie jusqu'en Sicile; enfin, on le rencontre aussi en Sardaigne et en Corse, principalement dans le canal
de Bonifacio, dont il parcourt les profondeurs
avec le *Corb*, une des espèces congénères. Mais,
s'il faut s'en rapporter au dire de quelques marins
provençaux qui ont parcouru la côte occidentale
d'Afrique, il a été pris plusieurs fois devant la barre
du Sénégal; et, depuis que les grandes collections
envoyées au Muséum d'histoire naturelle de Paris
ont fourni tant de précieux matériaux à la géographie ichthyologique, on sait que le *Maigre* est très-
abondant sur les côtes du cap de Bonne-Espérance.
Ainsi ce poisson, en sortant de la Méditerranée,
c'est-à-dire de cette mer qu'on doit considérer,
sinon comme sa patrie originaire, du moins comme
sa principale station, aurait cessé d'émigrer vers
le nord pour se porter au sud ; car il est à remarquer que c'est depuis qu'il a disparu de certains
points de la côte occidentale de France, qu'il a
commencé à se montrer plus fréquemment au
midi. Il est bon de constater ces changements d'ha-

bitudes observés de loin en loin chez les espèces voyageuses. Nous ne saurions sans doute expliquer les causes qui déterminent ici plutôt qu'ailleurs ces passages périodiques d'une même espèce réunie en tribu errante, ni ces apparitions subites de quelques individus isolés dans des mers où leur présence n'avait jamais été constatée auparavant; mais ces faits, en nous offrant des exemples de l'instabilité des phénomènes réputés invariables, sont autant d'avertissements qui servent à faire comprendre toute l'importance qu'on doit attacher à l'étude des parages vers lesquels les poissons voyageurs opèrent leurs migrations.

M. le professeur Valenciennes n'a pas reconnu le vrai *Maigre* parmi les poissons que **M. Webb** et moi avons rapportés des îles Canaries ; cependant j'ai tout lieu de croire qu'il doit aussi fréquenter ces parages. Les pêcheurs isleños, comme je l'ai déjà observé, distinguent plusieurs espèces de sciènes ou *Curbinas*, dénomination qu'ils appliquent aussi aux ombrines. C'est encore ainsi qu'ils appellent le *Bar* (1), espèce de percoïde commune aux Ca-

(1) *Perca labrax*. Lin. Les pêcheurs canariens l'appellent *Rayela* et le pêchent par deux cent cinquante brasses.

naries, assez analogue au *Maigre*, et que Cuvier lui-même avait d'abord confondue. Cette application d'un même nom à des espèces différentes est malheureusement aussi fréquente que l'adoption de noms divers pour des espèces identiques. Le poisson que les Parisiens appelèrent *Maigre* était connu à Gênes depuis bien des années, sous le nom de *Fegaro*, ou sous celui de *Fegous* à Nice, d'*Umbra*, d'*Umbrina* et de *Corvo di fortiera* à Rome et dans certaines parties de l'Italie méridionale; de *Poisson royal* sur les côtes du Languedoc, et pourtant cette même espèce reçut plus tard la dénomination d'*Aigle* que lui donnèrent les pêcheurs de Dieppe. Les savants eux-mêmes n'ont su de long-temps à quoi s'en tenir sur ce *Maigre* si souvent décrit, jusqu'à ce que Cuvier eût pris à tâche de débrouiller le chaos de leur synonymie. Ainsi, pour Salvien, ichthyologiste du seizième siecle, le *Maigre* était l'*Umbra* des anciens, tandis que Rondelet voyait en lui le *Latus du Nil*. Willughby, Artedi et Linné le confondirent avec le *Corb;* Gmelin et Bloch n'en parlèrent pas dans la crainte de s'y méprendre; Lacépède l'appelait *Cheilodiptère-aigle;* et M. Risso, en dernier lieu, le prenant pour une nouvelle espèce, en a fait sa *Perseque Vanloo.*

SPAROÏDES.

SAMAS OU PECES BLANCOS.

(La Sama grande, la Sama dorada, le Pargo, le Sargo blanco, le Sargo breado, le Besono et l'Afoncino.)

Les grandes espèces de sparoïdes, auxquelles les pêcheurs canariens appliquent en général le nom de *Samas* ou de poissons blancs (*peces blancos*), sont les spares ou dentés, les pagres, les sargues et les pagels. Dans ce nombre ils distinguent :

1° La dorade aux points bleus ou leur *Sama grande* (1), superbe espèce qui se plaît sur les fonds de sable du littoral de l'Afrique et dont le poids est rarement au-dessous de 10 kilogrammes.

2° La *Sama dorada* (2) ou l'*Aurada* des pêcheurs provençaux, très-recherchée pour la bonté de sa chair.

____

(1) *Chrysophris cæruleo-stictus.* Val. (Voy. *Hist. nat. des Can.*, Zool., pois., pl. VI, fig. 2.)

(2) *Dentex vulgaris.* Cuv. Val. Les pêcheurs canariens donnent aussi ce nom à la vraie dorade, *Sparus aurata*, Lin., qui fréquente aussi les mêmes parages.

3° Le *Pargo* (1), nouvelle espèce de denté qui atteint de grandes dimensions.

4· Le *Sargo blanco* (2) ou sargue de Rondelet, petite espèce généralement estimée.

5° Le *Sargo breado* (3), ainsi nommé lorsqu'il n'a pas acquis sa grande taille, mais qui devient ensuite pour les pêcheurs le *Sargo molinero*.

6" Le *Besono* ou *Besugo* (4), à la couleur rosée et à la chaire délicate.

7° Enfin, l'*Afoncino* (5) ou le pagel des Canaries, belle et grande espèce que les Isleños devraient distinguer par un nom plus caractéristique, car celui qu'ils donnent à ce poisson est souvent employé aux îles pour en désigner d'autres de différents genres et familles.

DIGRESSION. Les amateurs de la table ont accordé de tout temps une préférence spéciale aux

______

(1) *Dentex filamentosus*. Val. (Voy. *Hist. nat. des Can*, pl. VI, fig. 1.)

(2) *Sargus Rondeleti*. Cuv. Val. Zool., pois.

(3) *Sargus fasciatus*. Cuv. Val. (Voy. *Hist. nat. des Can.* Zool., poiss., pl. IX, fig. 2.)

(4) *Pagellus centrodontus*. Val. (*Id.* Pl. VII, fig. 3.)

(5) *Pagellus canariensis*. Val. (*Id.* Pl. X, fig. 2.)

spares, dont la chair, de facile digestion, se distingue par sa saveur. Les Grecs firent grand cas de la dorade, qu'ils appelaient *Chrysophris* ou poisson aux sourcils d'or. Ils la consacrèrent à Vénus Cythérée. L'élégance de sa forme lui avait mérité cet honneur. Les Romains la comptèrent aussi parmi les poissons sacrés ; et l'on vit dans ces temps, où le luxe et la bonne chère donnaient la célébrité, un homme puissant, Sergius *Daurade*, s'enorgueillir d'un nom emprunté à l'espèce que les gastronomes avaient mise en faveur. De même que de nos jours, on estimait principalement les sparoïdes qu'on allait pêcher en pleine mer, car les anciens avaient reconnu que les poissons des grandes eaux, qui remontaient les courants du large, comme disent encore nos pêcheurs, étaient supérieurs en qualité à ceux qui ne s'écartent pas des rivages où le fond est dépeuplé d'algue marine.

Toutes les grandes sparoïdes qu'on apporte aux Canaries se pêchent dans le bras de mer qui sépare ces îles de la côte d'Afrique. La préparation que les pêcheurs leur font subir ne peut guère les conserver au-delà de deux mois ; mais si elles étaient salées et séchées d'après la bonne méthode, on pourrait les garder bien plus long-temps et les transporter au loin sans risque d'avarie, car la chair de ces poissons réunit toutes les conditions nécessaires.

LES PETITS SPARES.

(*La Boga* et *le Chicharro.*)

Je comprends sous la dénomination de petits spares les deux espèces de bogues de ces parages :

1° Le bogue ordinaire (1);

2° Le bogue des Canaries (2) ou *Chicharro* des Isleños, qu'on pêche au flambeau dans la rade de Sainte-Croix de Ténériffe, et qui s'y montre toujours aussi commun.

SQUAMMIPENNES.

(*La Castagnole* ou *Pámpano.*)

Parmi les squammipennes qu'on trouve à la fois dans la Méditerranée et dans l'Océan, il

---

(1) *Sparus Boops.* Lin.

(2) *Boops canariensis.* Val. (Voy. *Hist. nat. des Can.*. Zool. poiss., pl. X. fig. 1.)

ne faut pas oublier de mentionner la castagnole (1): cette belle espèce, qu'on pêche dans les
eaux de Nice, est très-commune dans la partie
orientale de l'archipel canarien, où elle passe à
juste titre pour un des meilleurs poissons de ces
parages. Les Isleños l'appellent *Pámpano ;* son
poids moyen peut être évalué à 4 kilogrammes
environ.

(*Le Crius Berthelot* ou *Pámpano de afuera.*)

Cette espèce, ainsi nommée (2) par M. le professeur Valenciennes, s'approche moins de terre
que la précédente et préfère les grandes eaux. Ses
petites écailles argentées la font briller du plus vif
éclat ; elle atteint le poids de la castagnole et ne lui
cède en rien quant à la délicatesse du goût.

(1) *Brama Raii.* Schn.
(2) *Crius Berthelotii.* Val. (Voy. *Hist. nat. des Can.*, Zool.,
poiss., pl. IX , fig. 1.)

SCOMBEROIDES.

LES VRAIS SCOMBRES.

(*Le Thon* et *la Pélamide.*)

Les thons (1) et les pélamides (2) ne se montrent guère aux environs des Canaries que dans le petit canal qui sépare Ténériffe de la Gomère. C'est dans ce bras de mer qu'une compagnie de Génois, formé seulement depuis quelques années, a commencé à retirer d'assez bons bénéfices de la pêche de ces scombres. L'usage des madragues n'a pas encore prévalu dans ces parages. La pêche des thons et des pélamides se fait avec de fortes lignes de main, ou bien au moyen de ces filets mobiles connus, depuis des siècles, sous le nom de *courantilles volantes,* et dans lesquels on cerne le poisson afin de l'amener jusque sur la plage où il devient de facile capture.

(*L'Espadon* ou *Pez espada.*)

Ce poisson, par sa forme singulière, a peut-être servi de modèle aux galères des anciens. Sa

(1) *Scomber Thynnus.* Linn. Vulgairement *Atun* en esp.
(2) *Scomber Pelamys.* Cuv. Vulgairement *Bonito,* *id.*

tête allongée en manière de glaive lui a fait donner le nom de *poisson-épée* (1). Non moins estimé
que le thon et la bonite, il arrive souvent à une
très-grande taille, et l'on en a vu de quinze pieds
et plus encore. Il se montre par bandes nombreuses dans les eaux de l'archipel canarien et
vers le littoral de l'Afrique occidentale. On doit
regretter que la pêche des espadons soit si négligée de nos jours, car la chair de ces poissons est
excellente et susceptible de subir toutes les préparations auxquelles on voudrait la soumettre
pour la conserver.

DIGRESSION. D'après un passage d'Athénée, dans
lequel il cite Archestrate, il paraît que de son
temps on salait ce poisson comme on le pratique
encore en Sicile. *Lorsque tu seras arrivé à Byzance,* dit ce dernier (2), *prends un tronçon salé
d'espadon, et de la vertèbre qui est près de la
queue.* Il n'est pas moins recommandable dans
le détroit de Sicile, et jusque dans la mer qui baigne les rochers du cap Pélore.

La pêche des espadons fut une des plus impor

(1) *Xiphias gladius.* Linn.
(2) ΑΘΝΑΙΟΣ Δειπνοσοφ. VIII.

tantes, du temps des Romains, sur les côtes de la mer tyrrhénienne et sur celle de la Gaule narbonnaise. « Un des procédés en usage, dit La Morinière, consistait, comme chez les Grecs, à se servir de barques taillées d'après la forme de l'espadon, pourvues d'une pointe avancée qui représentait sa mâchoire, et peintes des couleurs foncées qui lui sont propres. L'espadon s'en approchait sans défiance, croyant voir des poissons de son espèce; les pêcheurs, profitant de son erreur, le perçaient avec des dards. Quoique surpris, l'animal se défendait avec vigueur, frappait de son épée le bordage des barques trompeuses, et les mettait souvent en danger. Les pêcheurs saisissaient ce moment pour essayer de lui fendre la tête et de lui couper, s'ils le pouvaient, la mâchoire supérieure. Après avoir triomphé de sa résistance et s'en être emparé, ils l'attachaient à l'arrière de la barque et l'amenaient ainsi à terre. Oppien compare à une ruse de guerre cette manière de prendre l'espadon en le trompant ainsi par la forme des barques.

« On le prenait aussi dans les madragues, s'il s'y engageait imprudemment, soit en poursuivant les thons, soit en donnant la chasse à des scombres

de moindre taille, que sa présence effrayait. Mais
son courage ne répondait point à la force de l'arme
qu'il porte, lorsqu'il se voyait entouré de filets.
« Quoiqu'il puisse les rompre, dit Oppien, il re-
» cule ; il soupçonne quelque piége : sa timidité
» le conseille mal ; il finit par rester prisonnier
» dans l'enceinte et les détours qu'ils décrivent,
» et par devenir la proie des pêcheurs, qui, réu-
» nissant leurs efforts, l'amènent sur le rivage, où
» il trouve une mort certaine (1). »

(*Le Tassard* et *la Cavalla.*)

Les maquereaux et les tassards sont très-com-
muns aux îles Canaries et le long de la côte d'A-
frique ; ils affluent surtout vers l'embouchure des
grandes baies de Saint-Cyprien, d'Angra de Cintra, et dans le voisinage du cap Blanc, où les brigantins isleños ont coutume de stationner pour
effectuer leur pêche. L'espèce que je désigne sous
le nom de tassard (2) est le *Tasarte* des Canariens.
Quant à celle qu'ils appellent *Cavalla*, c'est le ca-

____

(1) *Hist. gén. des pêches*, p. 156 et 157.
(2) *Cybium tritor*. Cuv.

7

ranx (1), dont on tirait de si grands profits, dans la Méditerranée, vers le milieu du quinzième siècle.

DIGRESSION. La pêche de ce scombre enrichissait alors les habitants du royaume de Murcie et de Valence. Les bénéfices qu'ils en obtenaient n'étaient pas inférieurs à ceux de la pêche du thon à l'époque de sa plus grande prospérité. « Les Espa-
» gnols des deux royaumes, dit Noël de la Mori-
» nière (2), avaient rappelé ces siècles d'abon-
» dance si vantés des anciens. La pêche de la *Ca-*
» *valla* (*Cavallo* ou *Cavallar*) avait acquis une
» telle importance, elle employait tant de bras,
» qu'elle pouvait être considérée comme une des
» premières pêches de la Méditerranée. Comme
» aujourd'hui, le caranx trachure était peu estimé
» comme poisson frais, dans les contrées voisines
» des eaux où l'on faisait la pêche ; mais, lorsqu'il
» était salé, on en usait volontiers en d'autres
» lieux où il était transporté. C'est particulière-
» ment à la pêche de ce poisson que fait allusion
» J. Roig, poète de Valence, dans une pièce de

(1) *Caranx trachurus.* Cuv.
(2) *Hist. gén. des pêches anc. et modern.*, t. 1, p. 265.

» vers du moyen-âge, qui est parvenue jusqu'à
» nous :

Los peixcadores
Grans robadores
Son d'entrados
E calados,
E brugines
Al vendre mes
Peix de fer esch
Venen per fresch,
Lo d'Albufera
Riu de cullera
Per peix de mar.

Voici la traduction de ce vieux langage, dont La Morinière n'a expliqué que certains mots :

« Les pêcheurs, grands voleurs, sont ceux qui » vont pêcher au large (*los caladores*) avec le » bregin (1). Ils nous vendent le poisson qui leur a » servi d'appât pour du poisson frais, et ceux d'Al- » bufera nous apportent du poisson de rivière » pour du poisson de mer. »

(*L'Escolar* ou *Rovetto.*)

Ce beau poisson, qui n'est connu que depuis peu des ichthyologistes, doit être compris parmi

---

(1) C'est le même filet que les pêcheurs provençaux nomment *bourgin*.

7.

les espèces qu'on rencontre plus habituellement dans la mer canarienne; car, bien qu'il ait été pêché quelquefois dans la Méditerranée, il paraît y vivre isolé et solitaire, tandis qu'il se montre toujours en troupes nombreuses sur les attérages des anciennes Fortunées, où il est connu des pêcheurs de temps immémorial sous le nom d'*Escolar*.

Ce superbe scombre, qu'on trouve cité dans les livres des Apicius modernes de la Sicile, est réservé à Naples pour la table des grands. Il a été décrit tout récemment par le docteur Cantraine (1). Les pêcheurs napolitains l'ont appelé *Rovetto*.

« Les épicuriens, dit M. Cantraine, le placent » avec raison en tête de leur répertoire culinaire, » à cause de son goût délicat et qui semble vouloir » irriter leur gourmandise par sa rare apparition. » On le prend dans le détroit de Messine et dans les » profondeurs de Taormina. Il atteint quatre ou

______

(1) *Rovetus Temminckii*, Cant. Voy. *Mémoire sur un poisson nouveau trouvé dans le canal de Messine en janvier 1833*, par F. Cantraine, docteur ès-sciences. Extrait du t. x des *Mém. de l'Acad. roy. des sciences et belles-lettres de Bruxelles*. Ce mémoire renferme une figure de *Rovetto*. Voy. aussi celle que nous avons donnée dans l'*Hist. nat. des îles Can.*, Zool., pl. V.

» cinq pieds de long , et se vend quelquefois jus-
» qu'à quatre francs la livre. Ce prix élevé provient
» de la saison et du rôle qu'il est destiné à jouer. Il
» n'est que trop souvent employé comme moyen
» de corruption ; on pourrait en citer bien des
» exemples : adresse-t-on une pétition au gouver-
» nement , un *Rovetto* ne tarde pas à être expédié
» pour l'appuyer ; a-t-on des enfants à placer , un
» *Rovetto* est envoyé de temps en temps à Naples,
» pour se conserver des protecteurs ; enfin , le *Ro-*
» *vetto* est souvent une meilleure recommandation
» que le talent et le mérite. Paul Jove , dans son
» ouvrage *de Piscibus romanis* , a égayé son his-
» toire du Fegaro des Italiens (*Sciœna aquila.*
» Cuv.) (1), en racontant une anecdote qui sert à
» faire connaître jusqu'où peut aller la gourmandise
» de quelques hommes et les faiblesses de quel-
» ques autres , en même temps qu'elle nous donne
» une idée de la délicatesse de sa chair. Je ne
» doute point que l'on puisse recueillir sur le *Ro-*
» *vetto* des faits qui fourniraient un épisode aussi

(1) C'est la même espèce que Cuvier a décrite sous le nom
de *Sciœna umbra* dans le Mémoire que j'ai déjà cité et d'où
j'ai extrait l'anecdote du parasite Tamisio.

» curieux que celui qu'on lit dans Paul Jove, etc. »

Le *Rovetto* des Napolitains est bien certainement la même espèce que l'*Escolar* des Canariens. Toutefois ce poisson présente dans les deux régions maritimes qu'il fréquente des particularités fort remarquables. A Naples, où il fait les délices des gourmets, un *Rovetto* peut valoir jusqu'à 160 fr., car on en pêche souvent du poids de quarante livres; aux îles Canaries, au contraire, ce poisson est à vil prix et ne se vend guère que trois ou quatre sols la livre. Quoique sa chair soit réputée très-délicate, on ne la mange pourtant qu'avec appréhension à cause de sa propriété par trop laxative. Cette circonstance provient sans doute de l'abus que l'on fait de cet aliment; car les insulaires des Canaries, peuple essentiellement ichthyophage, ne se contentent pas d'une livre de poisson pour leur repas. Ce scombre si recherché par les pêcheurs de Messine, et qui de loin en loin vient tomber dans leurs filets comme une bonne fortune, parcourt les côtes de l'archipel canarien par bandes de deux ou trois cents. Son isolement dans la Méditerranée semblerait indiquer qu'il s'égare parfois jusque dans ces parages avec les espèces voyageuses de la même famille et qu'il se plaît sur les fonds volcaniques et dans les abîmes sous-marins analogues à ceux qu'il fréquente habituellement aux îles Canaries. Malgré le peu de cas que les Isleños ont fait jusqu'ici de l'Escolar, je crois que la pêche de ce scombre pourrait devenir très-importante, surtout si l'on s'attachait à le saler ou à le mariner pour l'exporter ensuite dans les marchés de l'Italie méridionale. La chair de ce poisson est susceptible de recevoir la même préparation que celle du saumon; on peut aussi en extraire une huile très-fine et fort estimée dans les arts. Les plus gros Escolars que l'on pêche aux Canaries pèsent souvent plus de vingt-cinq kilogrammes.

(*Le Temnodon sauteur* ou *Pez-Rey*.)

Ce Temnodon (1), que j'ai vu pêcher en abondance sur la côte de Fortaventure, est très-commun dans la mer environnante. Il n'est pas rare

(1) *Temnodon saltator*. Cuv. Val. (Voy. *Hist. nat. des Can*., Zool., poiss., pl. XIII, fig. 2.)

de rencontrer dans ces parages des bandes de Temnodons de six à huit cents, qu'on prend facilement d'un seul coup de seine. Les pêcheurs les cernent dans des filets de sparte et les échouent sur des plages sablonneuses où ils les tuent ensuite à coups de fouène. Ces poissons ne sont pas très-recherchés comme aliment, mais on peut extraire beaucoup d'huile de leur graisse, car ils sont tous ordinairement d'une assez forte taille. Leur poids moyen peut être évalué au moins à six ou sept kilogrammes.

(La Liche ou Palomia.)

Cette espèce (1), une des plus remarquables du genre par l'élégance de sa forme et la couleur argentée de sa peau, se rencontre plus communément dans la partie occidentale de l'archipel canarien. Sa chair est moins huileuse que celle du Temnodon, et sous ce rapport la Liche est un poisson préférable.

(1) *Lichia glaycos.* Cuv. Val. (Voy. *Hist. nat. des Can.*, Zool., poiss., pl. XIII, fig. 1.)

LES VOMERS.

(*La Dorée* ou *poisson Saint-Pierre.*)

Cette excellente espèce (1) est appelée par les pêcheurs canariens *Pez San Pedro* (poisson Saint-Pierre) ou *Gal.* Sa chair tendre, succulente et assez semblable par le goût et la consistance à celle du turbot, est pourtant préférable. La Dorée des Canaries atteint aussi une très-grande taille comme celle de la Méditerranée et de nos côtes de l'Océan.

LES LABROIDES.

SCARES OU VIEJAS.

(*Le Scare des Canaries.*)

Il n'existe dans ces parages qu'une seule espèce de ce genre de la famille des Labroïdes ; c'est le

(1) *Zeus faber.* Lin.

(2) Je cite ici les petites espèces de Labroïdes que l'on pêche aux îles Canaries.

La Girelle paon, *Julis pavo.* Val. Vulgairement *Pez verde.* (Voy. *Hist. nat. des Can.*, Zool. , poiss., pl. XVII, fig. 1.)

La Girelle Geoffroi, *Julis Giofredi.* Riss. Vulgairement *Carajo real.*

Le Labre vert, *Acantholabrus viridis.* Val. Vulgairement

Scare des Canaries (1) auquel les Isleños donnent
le nom de *Vieja* (vieille) qu'on applique vulgairement aux Labres de nos mers, mais qui me semble mieux convenir aux scares, à cause de la con-
formation de leur bouche qui figure assez bien
deux mâchoires édentées (2). Cette structure et
l'éclat de leurs couleurs leur ont fait aussi donner
le nom de *poissons perroquets*. Ils sont très-com-
muns sur les fonds de roche, parmi les récifs où
la mer déferle avec force, et les pêcheurs sédentaires en prennent journellement un très-grand
nombre. On les mange frais ou salés. Ceux qu'on
expédie à la Havane sont simplement séchés à

Romerito. (Voy. *Hist. nat. des Can.*, Zool., poiss., pl. XVII, fig. 4.)

Le Labre commun, *Labrus Julis*. Lin. Vulgairement *Pez
Perro*.

Le Labre Budion, *Labrus tesselatus*. Val. Vulgairement *Budion de Hondura*.

La Bécasse de mer, *Centriscus scolopax*. Lin. Vulgairement
Trompetero.

(1) *Scarus canariensis*. Val. (Voy. *Hist. nat. des Can.*, Zool.,
poiss., pl. XVII, fig. 2.)

(2) Ce poisson, par la contraction de ses lèvres, fait paraître à
nu ses os intermaxillaires aussitôt qu'il est pris. Au premier aspect
on pourrait croire ces mâchoires toutes d'une pièce, car elles ont
l'apparence de deux lames recourbées et tranchantes en forme de
bec ; mais elles sont garnies de dents disposées en écailles et ap-
pliquées sur leur bord d'arrière en avant.

l'air après quelques immersions dans l'eau de mer ou dans une saumure analogue.

DIGRESSION. Le Scare des Canaries paraît avoir beaucoup de rapport avec le Scare des anciens qu'on croit être le Scare de Crète (1) et qui fréquente toujours les côtes de cette île, où il passe encore pour un mets des plus délicats, lorsqu'il est servi assaisonné avec ses intestins. Cette espèce jouissait déjà sous les Grecs d'une grande réputation : il est souvent question dans les auteurs des *Scares d'Éphèse* qu'on pêchait en quantité auprès de l'île de Rhodes. Pline nous apprend (2) que les Scares ne s'écartaient guère auparavant de la mer Égée et des îles qui la peuplent, mais que, sous le règne des empereurs, quand le luxe effréné de la table fut poussé au dernier point et que les grands de Rome remplacèrent l'antique sobriété républicaine par ces prodigalités sans bornes, et cette sensualité qui amenèrent la débauche et la dépravation des mœurs, les scares

(1) Le *Scarus creticus* d'Aldrovande. Voy. Cuvier, *Règne animal*, t. ii, p. 263.

(2) Plinius, *Hist. nat.*, t. ix, c. 17 ; xxx, c. 10.

de la Grèce vinrent alors enrichir les côtes d'Italie par les soins d'Elipertius Optatus. Cet affranchi de Claude, qui commandait une flotte romaine, apporta des scares vivants dans des barques à réservoirs inventées par les marins ioniens. Il fit jeter ces poissons le long du rivage d'Ostie, afin qu'ils s'y multipliassent. Ceux qui, durant les cinq premières années de leur séjour dans ces parages, tombèrent dans les filets des pêcheurs furent immédiatement relâchés, de sorte qu'au bout de quelque temps la naturalisation des scares fut entièrement assurée.

Les gourmets de Rome préféraient cette espèce à toutes les autres et la plaçaient au premier rang parmi les délices de la table. Le foie surtout était réputé le morceau le plus délicat; les patriciens y attachaient un prix extravagant et se le faisaient servir au milieu des mets composés des productions les plus rares de la Perse et de l'Inde. Au rapport de Suétone, le *Bouclier de Minerve*, ce fameux plat que Vitellius avait mis en vogue dans ses splendides festins, était garni de scares.

Le foie du scare des Canaries est aussi en grande faveur parmi les Isleños; de toutes les parties du poisson, dont la chair est en général très-délicate, c'est celle qu'ils estiment le plus. Elle acquiert beaucoup de développement et se fait remarquer par sa belle couleur légèrement pourprée. On pêche sur les fonds rocailleux de l'île de Graciosa, et dans les profondeurs sous-marines du cap de Teno, à l'occident de Ténériffe, des scares qui pèsent plus de quatre kilogrammes.

SALMONES.

LES AULOPES ET LES SAURUS.

La mer canarienne nourrit trois nouvelles espèces de la famille des Salmones : deux Aulopes (1) et un Saurus (2).

Les Aulopes, qui réunissent à la fois les caractères des gades et des saumons, mériteraient d'attirer davantage l'attention des pêcheurs. Ce sont d'excellents poissons dont on pourrait faire un commerce avantageux s'ils étaient bien préparés.

(1) *Aulopus filifer*. Val. (Voy. *Hist. nat. des Can.*, Zool., poiss., pl. XV, fig. 2.)
Aulopus maculatus. Val. *Id.* fig. 3.
(2) *Saurus trivirgatus*. Val. *Id.* fig. 1.

Les saurus ne sont pas non plus à dédaigner, et leurs habitudes voraces en rendent la pêche facile.

CLUPÉES.

(La Sardine et l'Anchois.)

Les Sardines (1) et les Anchois (2) affluent dans la mer canarienne : les deux espèces qu'on pêche dans ces parages ne m'ont offert aucune différence avec celles de la Méditerranée. Elles arrivent à des époques périodiques et suivent à peu près les migrations des autres poissons voyageurs. Je les ai vues se présenter en masse sur la côte orientale de Fortaventure vers la fin de juillet, et probablement qu'elles étaient chassées alors par les gades, les scombres, les sciènes et les grandes percoïdes qui remontaient vers le nord.

GADOIDES.

LES GADES OU MORUES DES CANARIES.

(La Pescada et l'Abadejo.)

Parmi les poissons qu'on trouve à la fois dans

(1) *Clupea sardina.* Cuv. Vulgairement *Sardina* en esp.
(2) *Clupea encrasicholus.* Lin. Vulgairement *Anchova*, *id*.

la Méditerranée et dans l'Océan, je citerai d'abord la délicieuse *Pescada* (1), et l'*Abadejo* (2) des pêcheurs de Ténériffe, mais que ceux de la grande Canarie et de Lancerotte nomment plus particulièrement *Abriole*. Je les place en tête des Gadoïdes pour mieux signaler leur importance économique ; la chair en est ferme, blanche, très-substantielle et d'un excellent goût. Elle supporte également bien toute sorte de préparations, soit qu'on veuille la conserver *en vert*, la saler complètement, la mariner ou la sécher simplement à la manière d'Irlande. Ces deux gades, que M. le professeur Valenciennes considère comme des espèces nouvelles, fréquentent la partie orientale de la mer canarienne, et sont bien plus nombreuses vers la rive africaine qu'ils parcourent en phalanges serrées. Ces deux espèces acquièrent d'assez grandes dimensions ; elles sont préférables à la morue du nord (3), et forment, tant l'une que l'autre, le fond des cargaisons des bri

---

(1) *Asellus canariensis*. Val. Voy. *Hist. nat. des îles Canaries.*, Zool., poiss., pl. XIV, fig. 3.
(2) *Phycis limbatus*. Val. *Id.* fig. 2.
(3) Le *Gadus morrhua* de Linnée.

gantins de pêche. Les pêcheurs de Lancerotte rapportent souvent aux Canaries des *Abriotes* qui pèsent plus de 12 kilogrammes.

(*Le Merlan.*)

Le *Merlan* (1) est aussi un des gades que j'ai vu pêcher dans les eaux de Ténériffe, mais il ne s'y montre pas aussi nombreux que les deux espèces précédentes.

(*Le Goural* et *l'Anjova*.)

Les Canariens nomment aussi parmi, les poissons qu'ils vont pêcher sur la côte d'Afrique, le *Goural* et l'*Anjova*. Je ne saurais assigner à ces deux espèces, également très-estimées, la place qu'elles doivent occuper dans la nomenclature ichthyologique, car je n'ai pas eu occasion de les voir vivantes, ni même assez fraîches et intactes pour pouvoir les reconnaître. Les pêcheurs les désignent collectivement sous le nom de *Pescadas*, bien qu'ils appliquent plus particulièrement cette dénomination à l'espèce dont j'ai parlé en premier lieu. Ils les apportent toujours séchées à mi-sel,

---

(1) *Gadus merlangus.* Lin.

ordinairement sans tête et dans un état de compression qui détruit leurs principaux caractères et leurs organes les plus saillants.

DIGRESSION. En général, les gades que l'on pêche le long de la côte d'Afrique et sur les attérages des îles Canaries correspondent la plupart aux genres *Asellus* et *Physis* ; car les autres espèces, telles que les merlans, les lottes et les mustèles, sont bien moins nombreuses, et quelques-unes d'entre elles ne se montrent guère qu'accidentellement. On peut donc établir que les poissons de cette section appartiennent presque tous à l'ichthyologie de la Méditerranée. La *Pescada* des Isleños est sans doute une espèce très-analogue à l'*Asellus* que les auteurs romains distinguaient sous le nom de *Bacchos*, à cause de la couleur de vin dont sa bouche était empreinte, ce qui fit dire à Ovide qu'un poisson d'une qualité aussi supérieure ne méritait pas un nom aussi ignoble :

Et tam deformi non dignus nomine Asellus.
OVID. *Halieut*. 131.

Les Romains, qui probablement ne connurent pas la morue du nord, avaient pourtant une grande prédilection pour les gades de la Méditerranée, qu'on pêchait en abondance dans la mer des Gaules et sur les côtes méridionales de la Péninsule hispanique. On en faisait alors de grandes salaisons qu'on expédiait dans les différents ports de l'Italie. Cette préférence pour les gades remonte au temps d'Aristote, qui paraît avoir fait mention de ces poissons sous le nom d'*Onos* et d'*Oniskos* (1).

Lorsque les dominateurs du monde s'emparèrent des ports de la Bétique, et qu'ils purent disposer des immenses produits de ces pêcheries que les Phéniciens et les Carthaginois avaient établies sur le littoral du fameux détroit (2), et dans son voisinage, la pêche des gades, réunie à celle des scombres, vint augmenter les profits des spéculateurs. Mais cette pêche ne se faisait pas seulement à l'embouchure de la Méditerranée ; on sait que les Phéniciens l'avaient étendue dans l'Océan sur la côte occidentale de la Mauritanie, jusqu'au fleuve Lixo ; le périple d'Annon et le témoignage de Strabon en font foi : ainsi, la pêche

(1) Noel. *Hist. génér. des pêches*, p. 38.
(2) *Fretum gaditanum.*

d'Afrique , que les Canariens continuent de nos
jours , et dont on trouve des preuves incontesta-
bles dans les documents du moyen-âge , remon-
terait à la période grecque.

SÉLACIENS.

LES SQUALES ET LES RAIES.

La famille des sélaciens est très - nombreuse
dans la mer Canarienne , et plus encore dans les
baies poissonneuses de la côte d'Afrique où abon
dent surtout les requins proprement dits, les rous
settes, les humantins et les leiches.

Je cite en note (1) les différentes espèces rap-

(1) SQUALES. Le grand Requin, *Squalus carcharias*. Lin.
        Vulgairement *Tiburon*.
        La petite Roussette, *Squalus catulus*. L. Vulg *Gato*
        L'Humantin, *Squalus Centrina*. L.
        L'Aiguillat, *Squalus Acanthias*. L.
        La Leiche de Nice. Riss. *Squalus niceensis*.
        Le Marteau, *Squalus Zigœna*. L. Vulgairement
        Martillo.
        L'Ange, *Squalus Squatina*. L. Vulg. *Pez angel*
RAIES. La Raie bouclée , *Raya clavata*. L. Vulg. *Raya*
        La Raie chardon, *Raya fallonica*. L.
        La Torpille, *Torpedo Galvanii*. Riss. Vulg. *Tembladora*
        La Pastenague, *Pastinaca vulgaris*. Cuv. Vulg. *Chucho*
        La Mourine évêque, *Myliobates episcopus* Val
        Vulgairement *Obispo*

portées de ces parages. Si on excepte les raies, les autres ne sont d'aucun usage comme aliment, mais la peau de plusieurs squales, qu'on a coutume d'employer dans les arts, pourrait devenir la base d'un commerce assez lucratif.

Je n'ai pas compris dans cet aperçu une foule de poissons moins importants qui vivent dans les fonds rocailleux et les eaux tranquilles. Je vais en noter quelques espèces rares ou nouvelles (1)

(1) L'Uranoscope crapeau, *Uranoscopus bufo*. Val. Vulgairement *Sapo*.

La Blenie canarienne, *Clinus canariensis*. Val. V. *Budion*. (Voy. *Hist. nat. des Can.*, Zool., poiss., pl. XVII, fig. 3.)

La Bécasse de mer, *Centriscus scolopax*. Lin. Vulgairement *Trompetero*.

Le Grenadier à bec dur, *Lepidoleprus sclerorhynchus*. Val. (Voy. *Hist. nat. des Can.*, Zool., poiss., pl. XIV, fig. 1.)

Le petit Turbot des Canaries, *Rhombus serratus*. Val. (Voy. *Id.*, pl. XVI, fig. 1.)

La Sole marquée, *Solea oculata*. Riss. Vulgairement *Soldado*. (Voy. *Hist. nat. des Can.*, Zool., poiss., pl. XVIII, fig. 2.)

La Sole secrétaire, *Solea scriba*. Val. Vulgairement *Linguado*. (Voy. *Id.*, pl. XVIII, fig. 3.)

L'Ophisure tacheté, *Ophisurus pardalis*. Val. (Voy. *Id.*, pl. XVI, fig. 2.)

Le Baliste chèvre, *Balistes caprinus*. Val. Vulgairement *Gallo*. (Voy. *Id.*, pl. XVI. fig. 3.

qu'on trouvera décrites et figurées dans notre *Histoire naturelle des îles Canaries*.

POISSONS AUX FORMES EXOTIQUES

QU'ON RENCONTRE DANS LA MER CANARIENNE.

Parmi les espèces qui appartiennent plus spécialement à l'ichthyologie américaine et qu'on est
étonné de rencontrer dans ces parages, je nom-
merai, d'après M. le professeur Valenciennes (1),
un Priacanthe (le *Catalufa*) (2), espèce de la famille des Percoïdes, assez commune sur les côtes
du Brésil et à laquelle les pêcheurs canariens donnent aussi le nom *d'Afonso*. Son poids moyen est
d'environ un kilogramme. Je citerai encore plusieurs Pristipomes (3) et quelques autres Scienoï-
des qui, par leurs caractères, se rapprochent des
espèces du nouveau continent.

(1) Voy. *Compte rendu hebd. des séances de l'Acad. des sc.*,
n° 16, octobre 15.

(2) *Priacanthus Boops.* Cuv. Val. (Voy. *Hist. nat. des Can.*,
Zool., poiss, pl. III, fig. 2.)

(3) *Pristipoma rubrum.* Val. Vulgairement *Machete.*
   Pristipoma viridense. Val. Vulgairement *Burro.*
   Pristipoma ronchus. Val. Vulgairement *Roncador.* (Voy.
Hist. nat. des Can., Zool., poiss., pl. VII, fig. 2.

La famille des Scombéroïdes fournit, parmi les espèces les plus remarquables :

1° La Coryphène du Brésil (1), superbe dorade essentiellement propre aux côtes de l'Amérique méridionale et assez commune sur celles de l'archipel canarien;

2° Le Pilote ou Fanfre (2), qui suit constamment les navires et que les matelots regardent comme le guide du requin;

3° Le *Conejo* (3), gemphyle de grande taille, qu'on pêche assez souvent dans les eaux de Ténériffe et de Canaria;

4° Un beau Caranx peu connu jusqu'ici des naturalistes et que M. Valenciennes a désigné comme une nouvelle espèce (4). Il s'égare rarement à l'orient des îles : les attérages de Ténériffe et de la Palma sont ses stations d'habitude. Son poids moyen peut être évalué à 3 kilogrammes.

(1) *Coryphæna equisetis*. Val. Vulgairement *Dorado*.

(2) *Scomber ductor*. Bl. Cette espèce a déjà été comprise parmi les scombres qui fréquentent aussi la Méditerranée.

(3) *Gemphylus Prometheus*. Cuv. Val. (Voy. *Hist. nat. des Can.*, Zool., poiss., pl. II.

(4) *Caranx analis*. Val. (Voy. *Hist. nat. des Can.*, Zool., poiss., pl. XII.

Plusieurs Percoïdes de ces parages appartiennent aussi aux serrans américains, tels sont, par exemple, la *Sama* et le *Cherne* ou *Cachoro* que j'ai déjà mentionné avec leurs congénères (Voyez page 72); mais le plus beau poisson de cette série est, sans contredit, le Beryx (1) aux brillantes couleurs, espèce très-estimée qui atteint le poids de 5 kilogrammes. Les Canariens l'appellent *Lauriana* et le pêchent ordinairement sur les fonds de roche de Ténériffe et de Canaria, bien qu'il ait été pris quelquefois aussi dans le canal qui sépare ces îles du continent et même sur les attérages du cap Bojador.

Parmi les Sparoïdes, il ne faut pas oublier le *Sarde à plumes* (2), ainsi nommé à cause des rayons inter-épineux de sa nageoire anale taillés en bec de plume, et le *Canthère emarginé* (3) ou le *Chapa* des pêcheurs canariens.

L'Hémiramphe du Brésil (4), le grand Poisson

(1) *Beryx decadactylus*. Cuv. Val. (Voy. *Hist. nat. des Can.*, Zool., poiss., pl. IV.)

(2) *Pagrus penna*. Cuv.

(3) *Cantharus emarginatus*. Val.

(4) *Hemiramphus brasiliensis*. Val. Vulgairement *épée*.

volant (1), le Remora de l'Atlantique (2) et la Sphyrène picude (3), sont des poissons de la région intertropicale qui fréquentent aussi les côtes de Ténériffe.

Parmi les Scorpenoïdes, on en trouve deux qui par leurs formes se rapprochent des espèces américaines (4).

Dans la famille des Balistes, le *Monacanthe à fil* (5) est aussi un poisson de l'hémisphère occidental.

La famille des Squammipennes fournit également plusieurs espèces inconnues dans la Méditerranée et sur les côtes de l'Europe occidentale. Telles sont :

1° Un Heliaze (6) de petite taille que les pêcheurs appellent *Castañeta* ou *Fula*.

(1) *Exocœtus mesogaster*. Bl. Vulgairement *Volador*.
(2) *Echeneis naucrates*. Lin. Vulgairement *Remora*.
(3) *Sphyræna Picuda*. Bl. Vulgairement *Picuda*.
(4) Le *Scorpæna Bufo*. Val. Vulgairement *Roncasio*.
    Le *Scorpæna patriarcha*. Val. Vulgairement *Rascasio de afuera*.
(5) *Monacanthus filamentosus*. Val. Vulgairement *Gallito*. Voy. *Hist. nat. des Can.*, Zool., poiss., pl. XVI, fig. 1.
(6) *Heliazes limbatus*. Val. (Voy. *Id.*, pl. VII, fig. 1.)

2° Le *Piméleptère Bosquien* de Lacépède (1), excellent poisson dont le poids moyen peut être évalué à 4 kilogrammes.

3° Le *Némobrème Webb* (2), belle et bonne espèce, nommée *Salmon de altura* (saumon du
large) par les pêcheurs canariens, et qui offre en
effet quelques ressemblances avec le saumon, par
le goût et la qualité de sa chair. Le *Crius Berthelot*,
que j'ai compris avec la *Castagnole* parmi les squammipennes de la mer canarienne, semblerait aussi,
d'après ses caractères de forme, se rapprocher
davantage des poissons d'Amérique.

Telles sont les nombreuses espèces que l'on pèche dans la mer Canarienne et sur les côtes de
l'Afrique occidentale. Je ne crois rien avancer de
trop, en assurant que les richesses ichthyologiques
de ces parages n'ont rien de comparable dans les
autres parties du globe. Mais à cette grande industrie qui emploie plus de neuf cents matelots, il faut
ajouter encore la petite pêche qui occupe beaucoup de monde parmi les populations du littoral.

(1) *Pimelepterus Boscii*. Val. (Voy. *Hist. nat. des can.*, pl. XIX.)
(2) *Nemobrama Webbii*. Val. (*Id.*, pl. VIII.)

Elle ne se fait presque qu'à la ligne : les pêcheurs ne s'y livrent que pendant la nuit, à la clarté des flambeaux. On désigne vulgairement sous le nom de *Chicharreros*, ceux de Sainte-Croix de Ténériffe, à cause de l'espèce de poisson qu'ils prennent plus communément (1).

Chaque soir, après le coucher du soleil, une trentaine de petits bateaux non pontés, et montés de cinq à six hommes, quittent le port et vont se poster au large vers l'embouchure des vallées cotières et des grands ravins qui cernent la baie. La petite flottille allume bientôt ses feux : des faisceaux de bois résineux, faciles à s'enflammer, produisent une lumière brillante qui attire les poissons; le foyer est placé de l'avant des chaloupes, de manière à jeter son éclat sur la surface des eaux. Vue du fond de la rade, cette illumination, disposée sur une même ligne, est du plus singulier effet. J'ai pu jouir de ce coup-d'œil en venant du large par une nuit obscure : le vent soufflait grand frais dans le canal qui sépare Ténériffe de la Canarie; mais, après avoir doublé le promontoire d'A

____

(1) Les Bogues ou *Chicharros.* Voy. pag. 92

naya, je me trouvai tout-à-coup à l'abri de la bourrasque et au milieu de cette immense baie, dont
les eaux tranquilles réfléchissaient mille fois les
feux des pêcheurs.

Aux Canaries, le poisson frais, qu'on peut se procurer à vil prix, est vendu sur la plage où on le dé-
barque, et, malgré son excessive abondance, le
peuple, en général, en fait moins de cas que du
poisson salé qu'on débite en détail dans les bouti-
ques (*Lonjas*). Les villes maritimes possèdent un
grand nombre de ces petits marchés qui rempla-
cent nos halles ou poissonneries.

CHAPITRE TROISIÈME.

CHAPITRE TROISIÈME

Description de la pêche africaine, et comparaison de ses produits
avec ceux du banc de Terre-Neuve.

L'Écossais George Glas qui, vers le milieu du
dernier siècle, explora les Canaries en bon observateur et visita plusieurs points de la côte adjacente, eut souvent occasion de fréquenter les pêcheurs isleños. Glas était un habile marin : son
génie entreprenant avait conçu des projets qui
éveillèrent la jalousie du gouvernement des îles ;
il voulut établir des relations avec les peuples de
l'Afrique occidentale et fonder un comptoir sur

ce littoral ; peut-être aussi chercha-t-il les moyens d'ouvrir un nouveau débouché à la pêche qu'il avait vu pratiquer dans ces parages; mais on se méprit sur ses intentions. Glas passa toujours dans l'esprit des Isleños pour un espion ou un homme suspect, dont la mission avait pour but de nuire à leurs intérêts, et Viera, l'auteur des *Notices sur l'histoire générale des Canaries*, se laissant aller à un sentiment de sympathie nationale, partagea l'opinion de ses compatriotes. Mais il faut rendre ici à l'aventurier écossais la justice qu'on lui refusa. Ce George Glas, que Viera a faussement accusé de plagiat, qu'il appelle *hombre sospechoso*, a donné les premiers renseignements sur une industrie ignorée avant lui des nations européennes; l'auteur des *Notices* a puisé lui-même dans la narration du navigateur une partie de ses annotations (1). Les observations de Glas parurent dans

---

(1) Viera, en citant dans son premier prologue le Père Abreu Galindo parmi les écrivains qui lui ont fourni les meilleurs matériaux pour ses *Notices*, reproche à Georges Glas de s'être attribué les manuscrits de cet auteur.

« . . . . . *Lorsque l'illustre Galindo*, dit-il, *composa ces* » *mémoires si dignes de nos éloges, il était loin de penser sans* » *doute qu'il travaillait pour un étranger, et, ce qui est pire*

des circonstances peu favorables à leur publicité;
les intérêts de la politique dominaient alors cet
esprit d'association qui devait créer plus tard de
si grandes entreprises; aussi le livre qu'il fit imprimer à Londres en 1764 eut peu de lecteurs, et
aujourd'hui encore il est à peine connu. Depuis le
milieu du dernier siècle, époque à laquelle il faut

» *encore, pour un homme suspect au pays. Les Isleños ont eu*
» *lieu de s'étonner en apprenant la publication qu'on avait*
» *faite à Londres d'un livre qui résume toute leur histoire, et*
» *dont Georges Glas, le soi-disant auteur, a enrichi l'Europe*
» *savante, après l'avoir traduit presque littéralement d'un*
» *manuscrit conservé dans nos archives.* » (Voy. *Noticias*,
tom. I, Prologue, fo 5.)

Cette accusation de Viera est tout-à-fait sans fondement. Glas
ne prétendit jamais usurper la gloire de Galindo en se parant
d'une érudition étrangère : il n'a pas caché l'origine des renseignements qu'il a donnés sur la conquête des îles Canaries et sur
les mœurs et coutumes de leurs primitifs habitants. La partie de
son ouvrage qui traite de l'histoire du pays, au XVe et au XVIe siècle, est franchement annoncée comme la traduction d'un manuscrit espagnol, ainsi qu'il suit : « *The History of the Disco-
very and Conquest of the Canary Islands : translated from
a Spanish manuscript, lately found in the island of Palma*, etc.,
by George Glas; London, MDCCLXIV.

Viera, ordinairement si exact quand il s'agit de citer l'origine
des documents dont il fait usage, évite de nommer Glas dans
un chapitre de son ouvrage où il traite des relations entre les
îles Canaries et la côte occidentale d'Afrique. Plusieurs passages
du texte, relatifs à la pêche, et la longue note qui s'y rapporte,
sont pourtant extraits en entier de la relation du navigateur anglais. (Voy. *Noticias*, etc., t. II, chap. XXVII, p. 189 et suiv.)

rapporter les explorations et les remarques du
navigateur anglais, les pêcheurs isleños n'ont
pas amélioré leur industrie routinière ; rien n'est
changé dans leur mode de navigation ; seulement
une longue pratique a suppléé chez eux à la théo-
rie qui leur manque. Connaissances nautiques,
construction navale, gréement, économie et mé-
canisme de la pêche, préparation de ses produits,
tout est resté stationnaire, et en lisant la description de Glas, on la dirait écrite d'hier.

« Les bâtiments employés à la pêche de la côte,
» dit-il, sont au nombre de trente, de vingt à
» cinquante tonneaux, et montés de quinze à
» trente hommes. L'île de Palma en équipe deux
» ou trois, Ténériffe quatre, et le reste appartient
» à la Grande-Canarie. L'armateur fournit le sel
» et le biscuit ; les matelots se pourvoient de
» lignes, d'hameçons et de tous les ustensiles de
» pêche. Ils embarquent en outre, pour leur pro-
» pre compte, du vin, de l'huile, de l'eau-de-vie,
» des piments rouges et des oignons.

» La pêche se fait à la part, c'est-à-dire que
» tous les bénéfices qui en résultent sont partagés
» en société, d'après les anciens usages établis entre

» les caboteurs de la Méditerranée. La somme
» nette des produits, déduction faite des frais
» d'achat du sel, du biscuit, du matériel et des
» autres dépenses de l'expédition, est répartie de
» la manière suivante :

» 1° La part du navire, qui se compose de plu-
» sieurs lots, selon sa capacité ;

» 2 Deux parts pour le patron ;

» 3° Une part pour chaque matelot ;

» 4° Demi-part pour chaque novice ;

» 5° Un quart de part pour chaque mousse.

» La pêche a lieu, suivant la saison, sur diffé-
» rents points de la côte d'Afrique qui embrassent
» un espace d'environ dix degrés en latitude,
» depuis le cap de Noun jusqu'au-dessous du cap
» Blanc. Ce littoral, qui constitue la limite occi-
» dentale du Grand-Sahara, est presque désert;
» on n'y trouve aucun établissement; quelques
» petites tribus arabes y vivent éparses sous des
» tentes, mais elles ne possèdent ni bateaux, ni
» pirogues, et ne sauraient entraver par consé-
» quent les opérations des pêcheurs. Quant aux
» croiseurs de Mogador, les Canariens n'ont rien
» à craindre de leur part : les bâtiments que l'em-

» pereur de Maroc armerait dans des intentions
» hostiles n'oseraient jamais s'aventurer trop au
» sud, ces parages leur étant tout-à-fait in-
» connus. »

Les faits avancés par George Glas m'ont été con-
firmés par les pêcheurs eux-mêmes : la partie du
littoral qu'ils exploitent leur offre toute sorte de
sécurité ; les tribus côtières, vouées à l'existence
la plus misérable et dénuées de toutes ressources,
ne sauraient s'opposer à leurs travaux. Au reste,
dans les relations que les marins canariens entre-
tiennent depuis long-temps avec ces tribus, malgré les prohibitions de la junte sanitaire des îles,
ils ont su se concilier leur amitié par des échan-
ges réciproques, dans lesquels les Africains ont
toujours été favorisés. Du poisson, des hardes,
des couvertures de laine, quelques quincailleries
communes, de vieux câbles que l'on détord ensuite pour en faire des filets grossiers, sont tro-
qués pour de l'eau et du menu bois à brûler dont
les équipages ont besoin. Les Maures de l'intérieur, que les pauvres habitants de la côte redoutent bien plus que les Canariens, sont venus sou-

vent les châtier lorsqu'ils ont eu connaissance de leurs relations avec les Isleños.

Les renseignements que M. l'amiral Rous sin a consignés dans son excellent mémoire sur *la navigation aux côtes occidentales d'Afrique*, d'après les reconnaissances hydrographiques faites en 1817 et 1818, sont parfaitement d'accord avec les notions fournies par les marins canariens. « Ces pêcheurs, dit-il, fréquentent la baie d'Angra de Cintra et y attirent quelques Maures, mais toujours en petit nombre, et qui n'ont en ce lieu, pas plus qu'en nul autre de la côte, aucune habitation fixe. Ce sont des hommes appartenant à la quatrième tribu des Maures dispersés dans le désert. Cette horde est nommée *tribu des Voleurs* : tout-à-fait errante et vagabonde, elle s'est formée des mécontents des trois tribus principales connues en Afrique sous les noms de *Térárzàh*, de *Béráknah* et de *Darmankou*. Répandue sur les côtes de l'Océan Atlantique, depuis le cap Bojador jusqu'au Marigot d'Inguiegher, elle ne vit que de poisson sec, et du débris des naufrages si fréquents autrefois sur ces côtes mal connues. Il n'y a presque aucun avantage à retirer des communi-

cations avec ces barbares, qui offrent le spectacle
de la plus horrible misère. » (Mém. cité, p. 38.)

« Dans le printemps et l'été, continue George
» Glas, la pêche se fait le long de la côte la plus
» septentrionale, c'est-à-dire vers le cap de Noun
» et même au-dessus ; dans l'automne et l'hiver,
» elle a lieu au contraire au sud, dans la direc-
» tion du cap Blanc, car on a observé que les
» bandes de poissons remontent au nord à la fin
» de l'hiver, pour redescendre ensuite graduel-
» lement vers le midi ; ainsi les bâtiments pêcheurs
» les suivent dans leurs migrations.

» Lorsque les barques canariennes arrivent dans
» ces parages, elles cherchent d'abord à se pro-
» curer l'appât, que l'on pêche avec des lignes de
» main dont les hameçons sont garnis d'espèces
» de mouches. Ces lignes sont faites avec six fils
» de cuivre tressés ensemble ; les hameçons ont
» environ cinq pouces (anglais) de long ; ils sont
» sans barbillon ou crochet ; la verge, qui est re-
» couverte de peau de poisson jusqu'à sa partie
» recourbée, est disposée de manière à rester ho-
» rizontale.

» Dès que les barques sont arrivées à un quart

» ou à une demi-lieue de la côte, elles forcent
» de voiles de manière à courir cinq nœuds à
» l'heure, et alors trois ou quatre hommes lais-
» sent filer leurs lignes par l'arrière. La vitesse
» du navire fait rester les appâts à la surface de
» l'eau, et les *Tassards* (1), les prenant pour de
» petits poissons, y mordent aussitôt. Ces Tas-
» sards sont des poissons sans écailles, très-vo-
» races, de la forme des grands maquereaux et
» de la grosseur des saumons avec lesquels on
» pourrait les confondre quand ils sont séchés.
» Ils avalent tout l'hameçon malgré sa longueur,
» et il faut les éventrer pour le retirer. Trois
» hommes prennent souvent cent et même cent
» cinquante Tassards dans une demi-heure, et il
» est des barques qui ont complété leur charge-
» ment avec cette seule espèce.

» On pêche de la même manière un autre pois-
» son appelé *Anjova* (2), un peu plus grand que

(1) *Cybium tritor.* Cuv. Val. Voy. le catalogue, page 9.

(2) Cette simple indication ne saurait suffire pour déterminer
l'espèce à laquelle ce poisson appartient. Les pêcheurs canariens désignent souvent la même espèce sous des noms divers, et l'*Anjova* de la relation de Glas est probablement dans
ce cas.

» le maquereau. Le *Cavallo* (1) (horse mackerel
» des Anglais ou petit maquereau de la Méditer-
» ranée) sert aussi d'appât ; il est très-abondant
» dans ces mers et se laisse prendre avec la plus
» grande facilité.

» Lorsqu'un bâtiment est suffisamment pourvu
» d'appâts, il laisse cinq ou six hommes dans la
» chaloupe pour continuer la pêche des Tassards
» et des Anjovas, et prend le large pour com-
» mencer la grande pêche par vingt, trente et
» quarante brasses, souvent même par cinquante
» et soixante de profondeur. Tout le monde jette
» ses lignes à la mer, les hameçons bien garnis,
» et les *Samas* (2), les *Chernes* ou morues (3),
» les *Curbinas* (4), etc., ne tardent pas à se lais-
» ser prendre. Les lignes dont on se sert alors sont
» plombées, car les espèces que nous venons de
» nommer se tiennent près du fond.

» Les vents alisés qui règnent sur cette côte

(1) *Caranx trachurus*. Cuv. Voy. le catalogue, page 98.
(2) *Serranus acutirostris*. Cuv. Val. Id. page 72.
(3) *Serranus caninus*. Val. Voyez plus haut pour les explications relatives à la désignation de *morue* que Glas donne à cette
espèce.
(4) Les Sciènes. Voyez le catalogue, page 80.

» soufflent avec violence et obligent souvent les
» pêcheurs à mouiller au large entre l'*embelli* des
» brises de terre et de mer. Lorsque le vent de-
» vient trop fort, ils se réfugient dans les baies
» du voisinage, s'abritent derrière un des pro-
» montoires de la côte, et s'occupent à préparer
» et à saler leur poisson jusque vers cinq ou six
» heures du soir. C'est alors le moment de leur
» repas, le seul qu'ils prennent dans la journée.
» Leur cuisine est des plus simples : une pierre
» plate leur sert à établir le foyer, sur le-
» quel ils suspendent une grosse marmite pour
» faire la soupe au poisson qu'ils mêlent avec des
» oignons et assaisonnent de piments rouges et de
» vinaigre. Rien n'est plus délicieux ! Leur second
» plat se compose de poisson grillé, car celui qui
» a bouilli pour la soupe est jeté à la mer. Ensuite
» chacun se blottit dans un coin de la barque jus-
» qu'au lendemain ; les couchettes et les hamacs
» seraient trop de luxe. Ils se remettent à la voile
» au point du jour et ne recommencent guère
» leur pêche avant midi.

 » Voici leur manière d'opérer pour conserver
» le poisson. Après l'avoir éventré et lavé, ils

» lui coupent la tête et les nageoires (1), et l'em-
» pilent pour faire couler l'eau dont il est imbibé,
» ensuite ils le salent et l'entassent dans la cale.
» Ce poisson ainsi préparé ne se conserve pas
» plus de deux mois; il pourrait en passer six au
» moins, s'ils le lavaient et le salaient une seconde
» fois comme font les Français de Terre - Neuve.
» Cette pêche sur la côte d'Afrique réunit de grands
» avantages à cause du climat sous lequel elle a
» lieu : en exposant le poisson au soleil et aux
» brises, à l'exemple des Maures, il se sécherait
» sans avoir besoin de sel.

» Les bâtiments pêcheurs sont des brigantins
» étroits de l'avant et de l'arrière, larges vers le
» centre afin de pouvoir soutenir une forte brise.
» Ils portent un petit hunier de l'avant, mais ils
» n'ont ni grand hunier ni voile d'étai et ne peu-
» vent border qu'un simple foc. J'ai vu des barques
» qui en douze jours ont remonté en louvoyant
» du cap Blanc à la Grande-Canarie. Pour franchir
» cette distance d'environ quatre cents milles

(1) Il est plusieurs espèces que les pêcheurs salent en entier, et
dont les têtes sont très-estimées des Canariens. La plupart des
Percoïdes et les Sciènes sont de ce nombre.

» (cent trente-trois lieues marines et un tiers),
» ils manœuvrent de la sorte : à six ou sept heu-
» res du matin ils mettent le cap au large avec la
» brise de terre jusqu'à midi ; ensuite ils virent
» de bord sur la côte avec le vent de mer ; ils
» mouillent la nuit, ou se soutiennent par de
» courtes bordées jusqu'au jour ; alors ils tirent
» de nouveau au large. La différence entre le
» vent de mer et celui de terre est dans ces para-
» ges d'environ quatre quarts de compas. Les
» vents régnants soufflent ordinairement par belle
» brise fraiche à porter les huniers (*a fine fresk
» top sail gale*). Lorsque les bâtiments pêcheurs
» sont arrivés à dix ou quinze lieues nord-ouest du
» cap Bojador, ils font route pour la Grande-Ca-
» narie. Si le vent est au nord-est, ils gagnent le
» port de Gando, situé au sud-est de l'île, mais
» s'il souffle au nord-nord-est, ils passent au sud
» et remontent les calmes, en poussant en avant
» jusqu'à ce qu'ils rencontrent des vents de sud-
» ouest qui les ramènent sur Canaria et leur per-
» mettent de venir mouiller au port de la Luz. »

Aux excellentes remarques de Georges Glas
j'ajouterai les observations suivantes : La hauteur

des montagnes, en opposant une barrière aux vents généraux qui soufflent ordinairement du nord-est, abrite toute la bande méridionale des îles. Les pêcheurs désignent par *las calmas*, les calmes, l'étendue de mer qui baigne cette partie des côtes de l'archipel canarien. (*Voyez* les explications que j'ai données à ce sujet dans l'*Hist. nat. des îles Can.* Géog. descrip., t. II, 1ʳᵉ part., p. 65.)

Les marins isleños redoutent bien plus les calmes que la tempête et n'abordent jamais les îles qu'au vent, c'est-à-dire par la bande septentrionale. Lorsqu'il arrive aux brigantins pêcheurs de se laisser dériver dans *les calmes* du sud, ils sont obligés de remonter au nord à la rame, si les vents de sud-ouest ne viennent pas les aider dans leur navigation. M. W. Arlett, lieutenant de la marine royale d'Angleterre, qui a exploré récemment une partie des Canaries, a donné une bonne explication du phénomène des calmes. « Pendant l'été, dit-il, le vent étant constamment au nord-est, les hautes terres de l'île de Canaria lui opposent un obstacle, et c'est ce qui occasionne les calmes que l'on éprouve à l'extrémité sud-ouest de l'île jusqu'à la distance de huit milles où les courants atmosphériques, qui avaient été divisés, se rejoignent. La même cause produit près de la côte un courant qui porte à l'ouest et dont les caboteurs savent profiter. » (Voyez *Description de quelques-unes des îles Canaries. Bulletin de la soc. de géog.* 2ᵉ série, t. VII, janvier, nº 37, 1837.)

Mais reprenons la relation de Georges Glas.

« Après avoir débarqué une partie de leur car-
» gaison à la Ciudad de las Palmas, poursuit-il,
» les barques de pêche portent le reste à Sainte-
» Croix de Ténériffe, au port de l'Orotova et à
» Santa-Crux de la Palma, où leurs facteurs se
» chargent d'en effectuer la vente. Le prix du pois-
» son est communément de trois sous la livre
» double de trente-deux onces ; quelquefois il est
» fixé à deux sous, mais rarement il s'élève jus-
» qu'à quatre. Ce prix est toujours taxé par les
» *Regidors.* Ces officiers municipaux, au lieu d'en-
» courager la pêche, l'entravent de toutes les ma-
» nières possibles.

» Cependant, malgré cet état de choses, les
» bâteaux pêcheurs font huit ou neuf voyages par
» an. Depuis la mi-février jusqu'à la fin d'avril, ils
» restent au port, parce qu'alors les poissons sont

» descendus au sud-ouest et qu'il faudrait aller les
» chercher sur une côte exposée aux coups de
» vent du nord-ouest assez fréquents dans cette
» saison. Lors de mon arrivée aux Canaries, les
» pêcheurs ne s'aventuraient pas au-delà du cap
» Barbas, mais maintenant quelques-uns poussent
» à trente lieues plus loin jusqu'au cap Blanc et
» même plus bas. Quoique le fond de leur cargai-
» son consiste en grandes *Brèmes* (1), ils prennent
» aussi plusieurs autres espèces.

» *La morue de ces parages est meilleure que*
» *celle du banc de Terre-Neuve*, *l'Anjova* est dé-
» licieuse, la *Curbina* est un gros poisson qui pèse
» trente livres. Ils pêchent aussi beaucoup de pois-
» sons plats et d'autres encore que je ne saurais
» décrire.

» Il est étrange , dit Glas en terminant, que les
» Espagnols conservent le désir de partager avec
» les Anglais la pêche de Terre-Neuve , quand ils

(1) Glas, à l'exemple des pêcheurs , a dû comprendre sous cette
dénomination plusieurs grandes espèces de la famille des Percoïdes. Voy. le catalogue, page 68.

» en ont une à leur porte bien supérieure à celle
» des mers du nord (1). »

On reconnaîtra à la description qu'on vient de
lire, que le narrateur s'en est tenu à ses propres
observations. Les renseignements que je me suis
procurés moi-même, pendant ma résidence aux
Canaries, et mes propres remarques à bord des
barques de pêche ne reposent que sur des détails
qui ne changent rien à l'ensemble des faits déjà
énoncés. Il serait donc inutile de les reproduire
ici pour le but que je me propose, et je me hâte
de présenter des considérations d'une plus haute
portée sur les résultats que l'on doit attendre des
améliorations et des progrès d'une industrie dont
j'ai pu apprécier, comme George Glas, tous les
avantages.

Cette grande pêche que font les Isleños sur la
côte occidentale d'Afrique pourrait devenir des
plus importantes si elle était exploitée par des armateurs français, et qu'elle fût entreprise sur

______

(1) . . . » It is strange to think that the Spaniards should
want to I have the Newfoundland fishery with the English, when
they have one much better at their own doors : »

G. Glas, *Hist. Can. isl.*, p. 338.

une plus vaste échelle. L'industrie maritime à
laquelle se livrent les pêcheurs canariens, long-
temps ignorée du reste du monde, et abandonnée
à leur seule routine depuis plus de trois cents
ans, est restée, il est vrai, ce qu'elle fut dès son
principe, et n'a offert jusqu'ici que des avantages
très-bornés. Les progrès de la pêche de Terre-
Neuve, comme je l'ai déjà observé, furent eux-
mêmes très-tardifs, et les résultats de cette industrie ne présentèrent quelque importance que cent
ans après la découverte du grand-banc. Pourtant,
à cette époque, il y avait déjà plus d'un siècle que
les Canariens allaient pêcher sur la côte occidentale
d'Afrique. Mais la morue du nord, en devenant
une des plus abondantes ressources de la subsis-
tance des peuples, donna naissance à un commerce aussi vaste que lucratif, tandis que le poisson salé des Isleños, qui peut égaler en qualité et
surpasser même la meilleure morue de Terre-
Neuve, n'a plus compté parmi les produits d'exportation depuis que les Biscayens et les Portugais
ont cessé d'exploiter les mers d'Afrique, et qu'ils
ont laissé le champ libre à des pêcheurs insou-
ciants, dont l'ambition n'a pas osé s'étendre hors

de leurs limites naturelles et franchir les bornes du petit trafic.

D'après les données extraites des documents les plus récents, la pêche de la morue emploie maintenant six mille navires de différentes nations; cent vingt mille marins y sont occupés, et leur active industrie livre chaque année au commerce 48,000,000 de kilogrammesde poisson.

Les îles Canaries emploient à la pêche de la côte d'Afrique environ sept cents matelots répartis sur une trentaine de brigantins de vingt à cinquante tonneaux. Ces bâtiments approvisionnent annuellement le pays d'environ 150,000 quintaux de poisson salé, qui forment un total de 7,500,000 kilogrammes.

On peut établir, d'après ces résultats, que la pêche africaine est beaucoup plus abondante, ou du moins bien plus profitable que celle de Terre-Neuve; car, en divisant de part et d'autre le chiffre des produits par le nombre d'hommes employés, on trouve qu'un pêcheur canarien prend à lui seul, dans le cours de l'année, 10,714 kilogrammes de poisson, tandis qu'à Terre-Neuve un seul homme n'en pêche que 400 kilogrammes.

Et si l'on veut exprimer en poissons, d'après le poids d'une morue ordinaire (c'est-à-dire 2 kilogrammes environ) les quantités énoncées simplement en kilogrammes, il résulte qu'un Canarien pêche annuellement cinq mille trois cent cinquante-sept poissons, tandis qu'un pêcheur de Terre-Neuve n'en prend que deux cents. Ainsi, la pêche que peut réaliser un Isleño sur la côte occidentale d'Afrique supposerait l'emploi de plus de vingt-six hommes dans les mers du Nord.

Cet avantage en faveur de la pêche africaine est confirmé en outre par les profits résultant de la vente des produits. Il est généralement reconnu, malgré le secours des primes, que la pêche de la morue à Terre-Neuve ne commence à donner des bénéfices aux armateurs qu'à la troisième année ; aux Canaries, au contraire, le gain est assuré dès la première, quoique le gouvernement espagnol n'accorde aux pêcheurs aucune espèce d'indemnité.

Toutefois, de ces renseignements généraux, on ne doit pas déduire le nombre absolu de poissons qu'un pêcheur peut prendre dans chaque parage en un temps donné. Pour obtenir à cet égard un

résultat assez approximatif, il faut avoir recours
à d'autres données. On sait par exemple que
les produits en morues sèches sont évalués, pour
la pêche de Terre-Neuve, à 20 quintaux métriques
par homme dans une campagne où l'on fait *pêche
complète*, bien qu'une pareille pêche soit rare
et qu'il ne convienne d'adopter pour base que deux
tiers de pêche (1). En prenant pour terme moyen
de la charge des brigantins canariens et du chiffre
de leur équipage, trente tonneaux et vingt-cinq
hommes, et en tenant compte des huit ou neuf
voyages que chaque bâtiment fait annuellement à
la côte, on trouve 240 quintaux pour la part de
pêche de chaque marin.

Si l'on établit la comparaison sur la morue
verte de Terre-Neuve, qu'on peut préparer en
moins de temps, et dont la pêche est estimée depuis quinze cents jusqu'à deux mille cinq cents
morues par homme, pendant la durée d'une campagne (2), on aura pour les Canaries, en rédui-

(1) Marec, *Dissertation sur plusieurs questions concernant
la pêche de la morue* , p. 81. Paris, 1831.

(2) Renseignements tirés d'un mémoire manuscrit adressé au
ministre de la marine. (Voyez Milne Edwards, *Mémoire sur la
pêche de la morue à Terre-Neuve.* Paris, 1832.)

sant les 240 quintaux au poids d'une morue ordinaire, quatre mille huit cents poissons pour chaque homme.

Voici une autre comparaison qu'on peut déduire
de faits encore mieux constatés :

Le nombre de morues qu'un homme peut prendre en un seul jour sur le banc de Terre-Neuve
avec des lignes de fond a été diversement estimé; mais en admettant pour terme moyen des
différentes évaluations quatre cents poissons, quantité déduite du total approximatif de la pêche
d'une campagne, l'avantage est toujours en faveur
des pêcheurs canariens, puisqu'une de leursbar-
ques du port de cinquante tonneaux et montée
de trente hommes peut effectuer son chargement
en quatre jours.

On assure que, sur le grand banc de Terre-
Neuve, quatre hommes pêchant dans un canot
avec de simples lignes de main, prennent souvent
plus de six cents morues en douze heures. D'après
la relation de George Glas, confirmée par les renseignements que j'ai pris sur les lieux, une chaloupe montée par un pareil nombre de pêcheurs
canariens peut réaliser en quelques heures un

chargement de *Tassards*, puisqu'il suffit d'une demi-heure pour en pêcher cent cinquante. On a vu plus haut que les tassards étaient des poissons de la taille des saumons, et dont les brigantins des îles composaient souvent toute leur cargaison.

Dans la comparaison que j'ai cherché à établir sur les résultats des deux pêches, on pourrait croire peut-être que je me suis prévalu, en faveur des Canariens, des huit ou neuf voyages qu'ils font à la côte dans le courant de l'année ; mais si l'on réfléchit que depuis le mois de février jusqu'à la fin d'avril ils restent au port, et si l'on ajoute à ces quatre mois de désarmement le temps perdu dans les différents trajets, et les relâches de chaque retour, on ne peut guère évaluer qu'à quatre ou cinq mois la durée effective de la pêche. Or, si l'on s'en tient aux termes des ordonnances (1), l'ouverture de la pêche n'ayant lieu que le premier avril à Saint-Pierre et Miquelon, et dans le courant de mai sur les côtes de Terre-Neuve, on doit aussi estimer à quatre mois (terme moyen) le service actif des bâtiments européens. J'observe-

____

(1) *Voy*. Ordonnance du 21 novembre 1821.

rai en passant que les pêcheurs sédentaires de
Saint-Pierre et de Terre-Neuve pouvant prolon-
ger la pêche jusqu'en hiver, le supplément des
produits qui en résulte se trouve compris dans le
chiffre qui m'a servi de base.

L'intéressante dissertation de M. Marec sur plusieurs questions concernant la pêche de la morue
va me fournir encore un nouveau sujet de comparaison relatif aux bénéfices les plus probables
sur la pêche d'une campagne, déduction faite des
dépenses d'armement.

Ces dépenses sont calculées ainsi qu'il suit dans
le mémoire auquel je me réfère.

DÉPENSE MOYENNE D'ARMEMENT POUR LA PÊCHE DE TERRE-NEUVE.

« Soit pris pour exemple un navire de 150 tonneaux, monté de cinquante hommes.

» L'armement de pêche d'un pareil navire se
composera de neuf bateaux, y compris le bateau
Capelanier (1).

—

(1) Le bateau capelanier est affecté spécialement à la pêche
d'un petit poisson appelé *Capelan* qui sert d'appât pour prendre
la morue.

» Le coût de chaque bateau s'élève à 4,500 fr., ou pour les neuf, ci . . . 40,500 fr.

» Le coût du navire est de 45,000 fr., et sa détérioration peut être évaluée annuellement au dixième de sa valeur; ce qui vient grossir la dépense d'armement, de. 4,500

» Maintenant il convient d'ajouter,

Savoir :

» Assurances sur le corps du navire, dont la valeur est de. . 45,000 fr.

» Assurance sur l'armement dont la dépense est de. 40,500

Total. . . 85,500 fr.

» A la prime de 5 pour 100. . . 4,275

» Dépense totale d'armement. . . 49,275 fr.

PRODUIT MOYEN DE LA PÊCHE.

M. Marec, calculant la quantité de poisson que peut prendre un homme pendant une campagne, d'après la pêche moyenne, c'est-à-dire sur la *pêche complète* réduite d'un tiers, suppose que cinquante hommes pourraient pêcher 66,000 kilogrammes de morues.

« Le prix de vente sur les marchés de France, dit-il (ou prix de livraison à l'exportation), peut être évalué à 42 fr. les 100 kilog.; ce qui donne pour les 66,000 kilog. . . . . 27,720 fr.

» A quoi il faut ajouter, pour l'huile, à raison de 5 barriques par bateau (non compris le *Capelanier*) et acception faite ainsi de huit bateaux, ce qui donne 40 barriques, et enfin à raison de 180 fr. par barrique, ci. . . . 7,200

» A ajouter encore :

» Pour la prime d'armement accordée par le gouvernement, à raison de 50 fr. par homme, ci. 2,500

Total du produit moyen. . 37,420

» Ce produit se trouve atténué inévitablement par les frais de désarmement. Or, on a vu ci-dessus que les frais d'armement s'élevaient à 49,275 fr. : il y a donc perte pour l'armateur. Cette perte est réelle, relativement à la première année de l'opération ; mais, relativement aux années subséquentes, elle cesse d'exister, par la raison qu'il ne faut plus comprendre dans le calcul de la dépense annuelle le coût primitif des bateaux et ustensiles de pêche, mais seulement le coût, beaucoup moindre, de leur entretien. D'ailleurs, il faut considérer encore que l'évaluation du produit, telle qu'elle est ci-dessus présentée, n'est assise que sur l'hypothèse de deux tiers de pêche : que l'on admette le cas de *pêche entière*, il y aura lieu d'ajouter à l'évaluation de.   .   . 37,420 fr.

» La moitié de 54,920 fr. (valeur des morues et des huiles, eu égard à *deux tiers de pêche*), c'est-à-dire.   .   .   . 17,460

» Ce qui élèvera le chiffre du produit à.   54,880

« Mais, on le répète, ce cas de pêche *entière* qui (par le rapprochement d'un produit de 50,000 fr. environ et d'une dépense de 49 à 55,000 fr.) donnerait à l'armement, dès la première année, un bénéfice de 5 à 6,000 fr., se présente fort rarement : reste donc la chance la plus ordinaire, celle d'une pêche moyenne, qui ne peut amener aucun profit réel, et encore dans des limites très-restreintes, qu'au bout de plusieurs années. Quelle serait la position de l'armateur, si, des éléments du profit, on retranchait la prime de 50 fr. par homme ! »

DÉPENSE MOYENNE D'ARMEMENT POUR LA PÊCHE D'AFRIQUE.

Comparons maintenant un armement pour la pêche d'Afrique, calculé pour un mois de campagne, avec celui dont nous venons de détailler les dépenses et les profits.

Un navire de 100 tonneaux, monté de trente hommes, est plus que suffisant pour les mers d'Afrique.

L'économie de cette pêche n'exigeant pas l'emploi de plusieurs bateaux, une bonne chaloupe et un petit canot léger suffiraient pour le service.

Leur coût peut être évalué à. . . . 6,000 fr.

En portant à 35,000 fr. la dépense pour l'achat du navire, sa détérioration peut être évaluée annuellement au quinzième de sa valeur dans les parages pour lesquels il serait destiné, ci. . 5,000

Ajoutons à ces frais :

Les assurances sur le corps du navire, dont j'ai porté la valeur à. . . . . 35,000 fr.

Les assurances sur l'armement, dont la dépense est de. 11,000

____

TOTAL. 46,000 fr.

A la prime de 5 pour cent. . . . 2,300

Plus le salaire de l'équipage que je porte à 50 francs par homme, et qui dans le calcul antérieur se trouve balancé par la prime. 1,500

____

A reporter. 14,800

Report. 14,800

Ajoutons encore pour le capitaine
et le contre-maître. 500

Et nous aurons pour dépense totale
d'armement. . . . . 15,300 fr.

PRODUIT MOYEN DE LA PÊCHE.

En supposant que trente hommes, employés à
la pêche d'Afrique, ne pêchent comparativement
que la même quantité de poisson qu'on prend à
Terre-Neuve (terme moyen), on aurait 40,000 kilogrammes.

Or, en évaluant le produit de la vente, comme
il a été fait plus haut, à 42 fr. les 100 kilog.

On retirerait . . . . 16,800 fr.

Ainsi, sans compter le surcroît du produit de
la pêche, les autres avantages et profits que l'on
retirerait des huiles et du surplus de valeur que
pourrait avoir dans la vente certaine qualité supérieure de poisson, on voit que, dès la pre-

mière campagne, toutes les dépenses de l'armement seraient couvertes, et qu'il y aurait même
déjà un bénéfice réel. Or, si l'on réfléchit, comme
le fait observer M. Marec pour la pêche du
nord, que la plupart des dépenses d'armement
cessent d'exister dans les campagnes subséquentes, il est clair qu'au bout de la première année,
en ne calculant que sur quatre campagnes par an,
et en évaluant à 21,000 fr. les dépenses d'armement pour les trois dernières (à 7,000 fr. par
campagne pour frais de radoub, d'avitaillement
et paiement de salaire), on aurait (sur 50,400 fr.,
produit de la vente de 40,000 kilog. de poisson
à 42 fr. les 100 kilog.) un bénéfice de 30,900 fr.,
qui, ajouté aux 1,500 fr. de profit de la première campagne, donne dans une seule année
un gain net de 32,400 fr. Si l'on pensait toutefois
qu'un mois de campagne ne suffit pas pour effectuer la pêche, et qu'on voulût porter ce terme à
deux mois, en réduisant le nombre de campagnes
à trois par année, le bénéfice serait encore
très-considérable, et dépasserait de beaucoup
celui qu'on pourrait espérer dans les mers du
Nord, en admettant même la chance d'une *pêche*

complète et d'une augmentation de prix sur la vente des produits.

Avec des navires du tonnage de ceux que je viens d'admettre, les Canariens, dont les barques de pêche dépassent rarement 80 tonneaux et sont souvent plus petites, pourraient se procurer à la fois une plus grande quantité de poisson en une seule expédition, éviter l'inconvénient des voyages trop multipliés, le temps perdu dans les différentes traversées et tous les frais qui s'ensuivent. Mais l'impossibilité de conserver long-temps le poisson, en suivant le mode de préparation adopté jusqu'ici, les oblige de n'apporter aux îles que de petits chargements; car l'accumulation des produits de la pêche par grandes masses, dans les ports où les barques viennent déposer leurs cargaisons, pourrait compromettre la salubrité publique si la vente se prolongeait plus de deux mois. Aussi les régidors ont-ils soin de faire jeter à la mer tout ce qui commence à s'avarier. De là provient la nécessité de retourner plusieurs fois à la pêche et d'en régler les produits sur les besoins des consommateurs sans enfreindre les lois établies. Tous ces inconvénients disparaîtraient en suivant une autre méthode, c'est-à-dire en séchant le poisson des mers d'Afrique comme la morue de Terre-Neuve, afin qu'il pût supporter sans risque toutes les chances des expéditions lointaines, et l'on verra bientôt qu'il serait facile d'atteindre ces résultats.

CHAPITRE QUATRIÈME.

CHAPITRE QUATRIÈME.

Des avantages de la pêche africaine sur celle de Terre-Neuve.

Les avantages de la pêche africaine sur celle de Terre-Neuve sont de plusieurs natures; 1° *avantages d'emplacement* ou *de station*; 2° *avantages de climat*; et 3° *avantages de produits*.

La grande étendue de mer qu'embrasse la pêche sur la côte d'Afrique doit entrer en première ligne. Les pêcheurs européens ont à se disputer l'espace sur un banc de 150 lieues de longueur; les pêcheurs canariens, au contraire, ont plus de 10 degrés de latitude (250 lieues) à parcourir sans rencontrer aucun concurrent. Mais dans la comparaison que je fais ici des deux pêches, il faut tenir compte surtout des différences qui existent de part et d'autre dans les chances de la navigation. Sur le banc et les attérages de Terre-Neuve, les coups de vent sont très-fréquents et occasionnent d'affreux sinistres; le froid y est excessif et semble devancer la saison. D'après le journal d'observations météorologiques tenu par M. Le Roy, capitaine de port à Saint-Pierre et Miquelon, l'état de l'atmosphère présente les variations suivantes dans le courant de l'année :

Pluie. . . . . 87 jours.

Brume. . . . 92

Neige. . . . 61

Beau temps. . . 125

Sur 240 jours de mauvais temps (pluie, temps couvert, brume, neige ou poudrin), il en faut compter 109 de gelée.

Ces données se rapportent à l'année 1818, mais les observations des autres années présentent peu de différence, ainsi qu'on peut le voir par le tableau ci-contre. Le maximum de la chaleur en été est de 16°; les havres de Terre-Neuve sont encore fermés en mars et en avril, à cause des glaces.

TABLEAU MÉTÉOROLOGIQUE

D'APRÈS LE JOURNAL TENU PAR M. LE ROY,

Capitaine de port à Saint-Pierre et Miquelon.

MOIS ET JOURS.	ÉTAT DU CIEL. JOURS DE					LES VENTS ONT SOUFFLÉ				
	Beau temps.	Pluie ou couvert.	Brume.	Neige ou poudrin.	Gelée.	Du N. à l'E.	De l'E. au S.	De S. à l'O.	De l'O. au N.	Calme.
jours.										
1817. Décembre.. 31	14	8	3	6	18	2	9	9	11	»
1818. Janvier... 31	7	7	2	15	27	8	4	6	13	»
Février... 28	10	»	1	17	28	7	1	2	15	3
Mars.... 31	17	3	5	6	24	6	5	3	14	3
Avril.... 30	10	5	10	5	1	8	7	4	9	2
Mai..... 31	9	5	16	1	»	11	3	12	4	1
Juin..... 30	10	9	11	»	»	5	3	6	7	9
Juillet.... 31	7	6	18	»	»	5	2	9	7	8
Août.... 31	12	10	9	»	»	3	8	13	5	2
Septembre. 30	9	12	9	»	»	6	3	7	6	8
Octobre... 31	16	11	4	»	»	2	3	8	12	6
Novembre. 30	8	10	5	7	7	6	4	5	13	2
Décembre.. 31	10	9	2	10	22	»	8	4	15	4
	125	87	92	61	109	67	51	79	120	48
1819. Janvier... 31	10	7	2	12	29	1	7	8	8	7
Février... 28	10	4	4	10	28	2	6	6	9	5
Mars.... 31	14	4	3	10	25	3	6	10	6	6
Avril.... 30	17	5	7	1	5	10	5	3	5	7
Mai..... 31	12	3	15	1	»	10	2	3	8	8
Juin.... 30	8	5	17	»	»	»	2	13	6	9
Juillet... 31	8	5	18	»	»	4	1	14	4	8
Août.... 31	12	6	13	»	»	7	5	9	5	5
Septembre. 30	14	7	9	»	»	5	3	8	8	6
Octobre... 31	8	12	11	»	»	5	8	10	3	5
	113	58	99	34	87	47	45	84	62	66

Dans un pareil climat, une impérieuse nécessité oblige le matelot à des dépenses qui le privent d'une partie de ses profits, car il doit, avant tout, se précautionner contre les rigueurs du froid. Ses lourds vêtements, le baquet couvert dans lequel il se poste pour procéder à ses travaux journaliers, le tiennent dans une gêne continuelle au milieu d'une mer tourmentée. Ces inconvénients, auxquels les pêcheurs de morue sont assujettis dans l'Océan septentrional, disparaissent sous les latitudes méridionales. Ainsi, sur la côte d'Afrique, les brises, quoique très-fraîches, sont toujours régulières, la mer est bien moins orageuse, l'état de la température et une heureuse combinaison de circonstances atmosphériques, dont je donnerai bientôt l'explication, viennent favoriser la prompte dessiccation du poisson et faciliter les travaux. Les pêcheurs canariens n'ont pas à se garantir dans ces parages contre les intempéries ; vêtus à la légère, avec une chemise de coton et un simple caleçon de toile, ils peuvent agir sans que rien ne les gêne; tranquilles sur le temps, leurs traditions ne citent aucun sinistre; les plages sablonneuses du grand désert ne sont pas pour eux des rivages inhospitaliers (1), et ils s'aventurent sans crainte sur cette mer qui les nourrit. Les pêcheurs canariens se glorifient avec raison de n'avoir jamais perdu aucun navire malgré leur imprévoyance habituelle. Leurs brigantins sont pourtant dépourvus de tout. Le matériel de l'armement se réduit aux choses les plus indispensables; la plupart n'ont pas d'habitacle; le patron se pourvoit d'une méchante boussole pour la forme, et la tient renfermée dans un des coffres de sa cabane : la nuit, le timonier se guide sur les astres, et ce n'est guère que par un temps couvert qu'il envoie consulter l'instrument délaissé. Les agrès du navire sont ordinairement dans l'état le plus pitoyable; et pourtant, en dépit de cet abandon, l'équipage, dans l'occasion, est toujours prêt à la manœuvre, et sait se créer de promptes ressources. Il y a chez ces hommes de mer un instinct providentiel qui les guide et leur fait deviner toutes les chances de la navigation. Leur sécurité intime produit en eux cette insouciance qui les caractérise.

« *Nous avons dépassé la pointe de Tenefe*, me

____

(1) *Foy.* L'Appendice a la fin du volume

disait le patron d'une barque, pendant une de mes traversées, *la tour de Gando est là devant nous, sous ce gros nuage noir : à six heures du matin, nous mouillerons au port de la Luz.* » Et nous arrivâmes en effet à l'heure qu'il avait indiquée. Pourtant, lorsqu'il me parlait ainsi, la nuit était des plus sombres, seulement quelques étoiles perçaient par intervalle la masse de vapeur qui s'amoncelait à l'horizon. Partis de Fortaventure depuis la veille, pour nous rendre à la Grande-Canarie, nous courions à sec de voile sur une mer orageuse, par une bourrasque de vent du nord qui nous avait assaillis en doublant la pointe de Handia. La boussole gisait à son poste accoutumé, dans un recoin de la chambre, et ne fut consultée qu'une seule fois après un coup de mer qui faillit nous balayer tous. Un matelot quitta le pont un instant pour faire son observation à la lueur d'un cigare, car nous n'étions pas même éclairés par un fanal, et il certifia qu'on ne s'était pas éloigné de la route : « *Nous allons bien !* » s'écria-t-il du fond de la cabine, et cet avertissement suffit au pilote jusqu'au jour. Certes, les marins de Terre-Neuve ne sauraient jouir d'une pareille sécurité au milieu de leurs brumes et de leurs frimas.

Ce fait peut servir à faire connaître la manière de naviguer des pêcheurs canariens, car la scène que je raconte se passait à bord d'une de leurs barques. C'était le brigantin *le Sévère*, monté d'un nombreux équipage, comme tous ceux destinés à la grande pêche de la côte d'Afrique. *Le Sévère* allait se ravitailler au port de la Luz ; il avait vendu à Fortaventure tout le poisson de sa dernière campagne, et son chargement consistait alors en bestiaux. Qu'on se figure une vraie ménagerie : des poules, des moutons, des chiens, des chameaux entassés pêle-mêle, criant, piaillant, bramant à tue-tête, jusqu'à ce que le mal de mer eût imposé silence à toute la troupe. Nous filâmes d'abord rapidement en côtoyant les plages volcanisées de *Pozo Negro;* puis, doublant la pointe de *Jacomar*, nous vînmes mouiller dans la baie du *Gran-Tarajal*, où le patron de la barque avait donné rendez-vous à d'autres passagers. Je ne m'attendais guère à ce renfort, il fallut pourtant encore loger à bord d'un petit bâtiment de 60 tonneaux, déjà très-encombré, une vingtaine de pauvres familles qui, venues à Fortaventure pour s'y louer pendant la moisson, s'en retournaient à la Grande-Canarie. Je comptai dans ce nombre plusieurs enfants à la mamelle, dont les cris ne me paraissaient pas devoir se calmer de si tôt, et, pour compléter la cohue, les bestiaux qui sentaient la terre depuis que nous avions jeté l'ancre, recommencèrent leur concert.

Je laissai embarquer tout ce monde et profitai de deux heures de relâche pour parcourir les environs de la baie. Vers le soir, nous remîmes sous voile, et *le Sévère*, favorisé par une bonne brise, fila le long de la presqu'île de *Handia*. Au coucher du soleil, la brise fraîchit de plus belle : à mesure que nous doublions la pointe, et que la terre cessait de nous abriter, la mer et le vent semblaient se conjurer contre nous. Bientôt, la bourrasque éclata avec furie ; l'horizon était menaçant, et les ténèbres de la nuit rendaient la scène plus terrible. De fortes rafales, en couchant le navire sur les flots, opérèrent à bord un épouvantable désordre. Les lames inondaient le pont ; les passagers, réfugiés dans la cale, se ruaient parmi les bestiaux qu'on ne pouvait plus contenir ; c'était un affreux tintamarre de plaintes et de hurlements que la voix impérieuse de la tempête dominait par intervalle. Chacun cherchait un refuge dans un recoin de la barque : les femmes et les enfants s'étaient blottis dans la chambre, et les chameaux, qu'on parvint à brider à force d'amarres, restèrent seuls accroupis de l'avant, et reçurent sur le dos toute la bourrasque. Ma cabine n'était plus tenable ; l'odeur nauséabonde qui régnait dans la chambre, et les lamentables voix d'une douzaine de marmots, me firent gagner le pont, afin de respirer le grand air. Le patron était à la barre : « Le vent est fort, me dit-il, mais la barque est solide. » En effet, *le Sévère* bondissait sur la lame comme un marsouin. La bourrasque nous poussait sur Canaria, et les matelots, arrimés le long du bastingage, plaisantaient sur les mésaventures des passagers. Ce fut sur ces entrefaites que le patron me donna l'avis que j'ai rapporté plus haut. J'avais affaire à des gens aguerris, et je restai sans souci jusqu'aux premières lueurs de l'aurore. Du reste, la mer et le vent commencèrent à se calmer ; on orienta une mauvaise misaine, et, au point du jour, nous mouillâmes au port de la Luz.

M. l'amiral Roussin, dans son excellent *Mémoire sur la navigation aux côtes occidentales d'A-
frique*, parle des naufrages auxquels sont exposés
les brigantins de pêche canariens qu'attire dans la
baie d'Angra de Cintra la grande abondance de
poissons, « *Et, ce qui est bien plus déplorable,*
ajoute-t-il, *les équipages sont retenus en esclavage
par les Maures.* » M. l'amiral Roussin aura sans
doute été trompé par de faux rapports; je puis
certifier qu'on ne cite aux Canaries aucune barque
du pays qui ait naufragé sur la côte dont il est
question; seulement, dans les fréquentes descentes que font les pêcheurs sur cette partie du littoral de l'Afrique occidentale, quelques matelots,
s'étant trop aventurés dans l'intérieur, ont été
retenus par les Africains. Un d'eux, que j'ai connu
à Lancerotte, m'a assuré qu'il avait été assez
bien traité, et qu'après avoir résidé pendant plusieurs mois chez les Scheloukh des montagnes, on
l'avait conduit à Mogador avec ses compagnons,
où le consul espagnol les avait rachetés pour les
renvoyer dans leur patrie.

Les malheureux naufragés du navire français
l'Olympe, qui se perdit dans la baie de Saint-Cy-

prien, en 1827, restèrent pendant dix-sept jours dans le désert sans voir paraître aucun ennemi. Divisés en deux camps, une partie resta sur le lieu du naufrage, et l'autre se hasarda à explorer la côte dans la direction du cap Blanc. Les pêcheurs canariens, auxquels ils durent leur délivrance, revinrent ensuite dans la baie pour se partager, avec quelques Arabes des tribus vagabondes, les avitaillements de *l'Olympe* restés abandonnés sur la plage. Quelque temps après cet événement, un navire anglais, destiné pour le Brésil, et chargé d'émigrants irlandais, vint s'échouer dans le même endroit, et ce furent encore les pêcheurs canariens qui sauvèrent ces naufragés après plusieurs jours d'une cruelle anxiété sur les plages solitaires du Sahara.

Les avantages de la station dans les parages où les pêcheurs canariens se livrent à leur industrie sont d'une bien plus grande importance lorsqu'on les envisage sous le rapport des débouchés et qu'on les compare avec ceux que nous offrent les pêcheries du Nord. En effet, des côtes de France à Terre-Neuve, on compte environ 1000 licues d'un trajet assez long en temps ordinaire, et qui devient difficile avec les vents d'ouest, tandis que la traversée de nos ports d'Occident ou du Midi, aux parages poissonneux de la côte d'Afrique, est beaucoup plus courte et presque toujours favorisée par les vents alisés et les courants réguliers qu'on rencontre ordinairement après avoir dépassé les Açores, ou à la sortie du détroit de Gibraltar. Quant à l'avantage des débouchés, qui dépend en grande partie de la situation géographique des *sécheries*, il en sera question en traitant des divers points où l'on pourrait fonder ces établissements de pêche.

J'ai déjà fait remarquer les avantages de la température, mais j'en parlerai ici sous les rapports météorologiques et dans l'intérêt des sécheries. En exposant mes propres observations sur le climat des Canaries, on doit concevoir que ces îles se trouvant situées à peu près au centre des parages sur lesquels je veux appeler l'attention, mes remarques sont également applicables aux autres points de la côte voisine où l'on pourrait établir des stations de pêche, et, bien qu'en raison de leur différence en latitude et de leur position continentale, la chaleur y soit plus forte, les brises n'y règnent pas moins, et les mêmes circonstances climatériques s'y reproduisent. Dans toute cette région, l'humidité, ce principe de toute décomposition, n'exerce aucune influence; elle est tout-à-fait nulle tant que le vent souffle au nord-est, et quoique l'horizon apparaisse alors chargé de vapeurs, lorsque la brise tourne à l'est, la pluie n'est jamais à craindre, et n'a lieu que pendant deux ou trois mois de l'hiver, encore faut-il qu'elle soit dé-terminée sur la côte par des vents variables. L'est-nord-est, que les pêcheurs canariens appellent *Brisa parda*, brise brune, rafraîchit l'air sans humecter la terre, qui conserve sa sécheresse habituelle. Cet état normal se manifeste au plus haut degré lorsque le vent passe au sud-est, et souffle du désert.

M. l'amiral Roussin, qui a exploré la côte occidentale d'Afrique, a fait de bonnes observations sur le climat de ces parages. « On n'a jusqu'à pré-
» sent reconnu, dit-il, sur toute l'étendue de cette
» côte que deux saisons : celle des pluies et celle
» de la sécheresse. Cette division rapportée aux
» époques où le soleil passe de l'un à l'autre hé-
» misphère, paraît être la plus naturelle, en ce
» qu'elle se fonde sur les circonstances qui déter-

» minent généralement les changements de saison
» sur le globe, et nous la maintiendrons, quoi-
» qu'elle doive être modifiée à la côte d'Afrique,
» selon la distance plus ou moins grande où l'on
» se trouve de l'équateur... Au nord de cette li-
» gne, la saison des pluies commence réellement,
» pour chaque lieu de la côte, lorsque le soleil,
» étant dans notre hémisphère, passe au zénith de
» ce lieu en s'avançant au nord. C'est ordinaire-
» ment dans le mois qui suit ce phénomène que le
» changement s'opère..... Les grains et les vents
» qui les apportent ou qui leur succèdent, n'oc-
» cupant en général qu'une faible partie de l'an-
» née, doivent être considérés comme des crises
» passagères. Le ciel est presque toujours uni-
» forme et généralement bleu. Des vents con-
» stants règnent pendant huit mois sur la plus
» grande partie de la côte d'Afrique, depuis le
» cap Bojador jusqu'aux îles de Loss. Durant
» tout ce temps, il n'y tombe pas une goutte de
» pluie (1). »

(1) *Mém. sur la navigation aux côtes occid. d'Afrique,
d'après les reconnaissances hydrog. faites en* 1817 *et* 1818, par
M. A. Roussin, contre-amiral. Paris, 1837.

En rapportant ces excellentes observations à la partie orientale de l'archipel canarien, j'ajouterai que le long de la côte de Lancerotte et de Fortaventure, dans les endroits abrités où l'action du soleil est très-intense, le thermomètre s'élève alors jusqu'à 33° 56' C.; mais sur les rochers découverts, en rase campagne et dans tous les lieux baignés par la brise, la plus forte température, en été, atteint à peine 29°, et ne s'abaisse guère en hiver au-dessous de 18.

Les *maxima* de température que je donne ici se rapportent à des observations faites à Lancerotte, durant mon séjour dans cette île, au mois de juillet 1829, pendant les plus fortes chaleurs qu'on puisse éprouver dans ces climats quand règne le vent du désert (S.-E.). Ordinairement, c'est-à-dire avec les brises, la température de l'air est très uniforme. M. le lieutenant Arlett, qui paraît avoir fait sur les lieux une série d'observations comparatives (1), nous a fourni les données suivantes sur les températures moyennes des cinq premiers mois de l'année :

(1) Voy. *Bull. de la Soc. de géographie*, Mém. cité, janvier 1857.

En décembre à .   .   19° 44'.

En janvier à   .   .   . 19° 44'.

En février à   .   .   . 18° 33'.

En mai à   .   .   .   . 20' 56'.

En août à   .   .   .   . 24° 44'.

Les variations dans les vingt-quatre heures sont, selon lui, de 2 à 3°.

La sensation de la chaleur aux mois de juin et de juillet, époque de mon séjour à Lancerotte et à La Gracieuse, n'était pas en raison du degré de température, et, malgré l'ardeur du soleil, je me trouvais parfaitement au milieu de cette atmosphère de fraîches brises. Ce qui étonne le plus dans ce climat, c'est la prompte dessiccation des substances animales qu'on laisse exposées à l'air libre. Le poisson frais se dessèche en quelques heures. L'*Abadejo* (1), que j'ai vu préparer dans quelques maisons comme la morue du nord, peut se conserver sans éprouver la moindre altération ; retrempée dans l'eau de mer, lorsqu'on veut la faire bouillir, la chair de ce poisson re-

(1) *Phycis limbatus.* Val. *Voy.* le catal. didac., p. 111

prend toute sa fraîcheur sans rien perdre de sa
fermeté et de son excellent goût. Les Scares (1),
si communs dans ces parages, et dont la chair est
assez mollasse, sont simplement conservés à l'air.
C'est dans cet état de préparation qu'on les expédie, en liasses, aux Isleños établis à la Havane,
où ils arrivent en très-bonne condition. Les *Ca-
brillas* (2) sont dans le même cas.

Au reste, cette propriété dessiccative du climat
de Lancerotte et des îles adjacentes est commune
à toute la bande occidentale d'Afrique, depuis le
cap de Geer jusqu'au Sénégal, c'est-à-dire tout le
long de la lisière du Grand-Sahara. Suivant les
expositions, le climat de la partie centrale de
l'archipel canarien est aussi parfaitement analogue à celui de la bande orientale. Dans le cime-
tière de Guia, sur la côte méridionale de Ténériffe, la décomposition des cadavres est très-lente,
et je puis même assurer que la plupart des corps
restent intacts. Ce lieu, situé au milieu d'une
nappe de lave, est exposé à toute l'ardeur du soleil. J'y ai vu des cadavres qu'on avait adossés

---

(1) *Scarus canariensis*. Val. *Voy.* le catal. didac., p. 103.
(2) *Serranus cabrilla*. Cuv., Val. *Voy.*, id., p. 73.

contre un mur depuis plus de six mois, et qui ressemblaient à des momies desséchées. Tous les traits du visage, bien qu'altérés par la tension des muscles, étaient encore assez bien marqués, seulement l'action du soleil avait noirci et presque carbonisé la peau.

La seule précaution qu'il y aurait à prendre pour la préparation des produits de la pêche dans toute l'étendue de la région que je signale, serait d'établir, sur l'emplacement des sécheries, des hangars ou *couvre-piles* en planches, bien ventilés, où le poisson fût à l'abri des ardeurs du soleil, afin qu'il ne noircît pas. L'expérience a démontré que le soleil et le vent combinés constituent le temps le plus propice pour sécher le poisson; mais le soleil seul le brûle et accélère la décomposition des chairs, et c'est pour cette raison que les pêcheurs de Terre-Neuve désignent sous le nom de *Morues cuites* celles qui sont restées trop long-temps exposées à son action.

Pour ce qui concerne les avantages des produits de la pêche, on doit prendre en considération la quantité et la variété des espèces qui stationnent sur la côte d'Afrique ou qui parcourent les parages voisins. Pour compléter à cet égard la comparaison que j'ai déjà faite entre la grande pêche des mers du nord et celle que font les Canariens depuis le cap de Noun jusqu'au cap Blanc, j'observerai d'abord que sur le grand banc et à Terre-Neuve on ne prend guère que la morue et le hareng, encore la pêche de cette dernière espèce est-elle généralement négligée par les Français. Le long de la côte d'Afrique, au contraire, les Isleños pêchent dix ou douze qualités de poissons, toutes également propres à être séchées ou préparées en vert; mais dans ce nombre il faut distinguer surtout l'*Abadejo* (1), bien supérieur à la morue pour la délicatesse de la chair, et l'excellente *Pescada* (2), qui se rapproche aussi beaucoup du gade de Terre-Neuve. Je citerai encore le *Cherne* (3), que Glas confond avec la morue, mais qui n'est pas moins estimé. Cette erreur du navigateur anglais s'explique facilement : les poissons connus sous le nom de *Cherne* dans l'océan

____

(1) *Phycis limatus*. Val. *Foy*. le catalogue, p. 110.

(2) *Asellus canariensis*. Val. *Foy*. le catalogue, *id*.

(3) *Serranus caninus*. Val. Vulgairement *Cherne* ou *Cachoro*. *Foy*. le catalogue, p. 72 et 110.

Atlantique et dans la mer des Indes appartiennent aux grandes espèces de Percoïdes du genre *Serranus* ; celui que l'on pêche à l'Ile-de-France a reçu la dénomination de *Serranus morhua*, à cause de sa ressemblance avec la morue du nord. Ce poisson, que l'on sale aussi de la même manière, est très-recherché ; sa chair blanche, tendre et d'excellent goût, est préférable à celle de la morue. Le *Cherne* de la mer canarienne a de grandes analogies avec celui de la mer des Indes. Les marins qui ont eu occasion de voir les deux espèces ont peine à les distinguer, et le *serran cuchoro* salé en vert, comme le préparent les Isleños, n'est pas moins estimé que le *serran morue* dont on fait tant de cas à l'Ile-de-France.

Un grand nombre de poissons de la région maritime qu'exploitent les pêcheurs canariens pourraient supporter une salaison plus complète, et je ne doute pas que la méthode en usage à Terre-Neuve pour sécher la morue ne soit également applicable à beaucoup d'autres espèces de l'Océan.

Ce serait un grand service à rendre au commerce que de faire connaître tous les poissons

qui pourraient fournir de nouvelles ressources alimentaires, et dont il serait facile de tirer un parti
lucratif en employant les moyens de conservation
que l'usage et l'expérience ont consacrés. On doit
regretter surtout que les ichthyologistes aient négligé des observations si importantes dans l'intérêt économique, car la routine qu'on a suivie jusqu'ici provient en grande partie de cette négli-
gence. Depuis que les pêcheurs se livrent à leur
industrie, les morues, le hareng, l'anchois, la
sardine, l'alose, le maquereau, le thon, le germon et le saumon sont presque les seules espèces
qu'ils salent, sèchent ou marinent d'après différentes méthodes. Il en est pourtant beaucoup
d'autres qu'on conservait autrefois de la même
manière et qu'on ne devrait pas négliger plus
long-temps (1). Parmi les Gades, les merlans, les
lottes, les mustèles, les brosmes et les phycis
réunissent toutes les conditions nécessaires. La
plupart des grandes Percoïdes sont dans le même

(1) *Voyez*, à l'appendice de la fin du volume, *De l'économie de
la pêche et des divers moyens de préparation en usage chez
les anciens et au moyen-âge pour la conservation du poisson
salé, sec ou mariné.*

cas. Le nombre des espèces qu'on peut mariner
n'est pas plus restreint que celles qu'on conserve
au moyen de la dessiccation ou de la salaison ;
ainsi, je citerai, parmi les Scombres, les espadons,
les bonites, les pélamides, les caranx et même
certaines espèces de sérioles et de liches. Les coryphènes peuvent aussi être marinées ou salées,
et la dorade, qu'on pêche en abondance dans plusieurs parages de l'Océan, ne perd rien de la délicatesse de sa chair par ces sortes de préparations. Plusieurs espèces de clupes sont susceptibles d'être conservées aussi bien que les sardines
et les anchois. Parmi les salmones, les saurus et
les aulopes surtout, dont l'organisation présente
les caractères des gades réunis à ceux des saumons, offrent aussi de grandes analogies dans la
qualité de la chair, et il ne serait pas moins utile
de tenter sur ces espèces les mêmes moyens de
conservation. J'observerai en passant que, parmi
ces différents poissons, quelques-uns sont tellement identiques, pour la forme et le goût, avec
ceux auxquels on a jusqu'ici accordé la préférence, qu'ils seraient admis facilement dans le
commerce sous les mêmes dénominations, et cette

circonstance n'est pas sans importance, quand il s'agit de denrées que le droit de priorité et l'universalité de l'usage ont accréditées dans les marchés.

CHAPITRE CINQUIÈME.

CHAPITRE CINQUIÈME.

DES SÉCHERIES.

Il existe dans les parages de l'Afrique occidentale plusieurs localités que les armateurs pourraient faire occuper avec une égale chance de succès pour l'établissement des sécheries.

GRACIOSA. Je citerai d'abord l'île de Graciosa, en admettant toutefois qu'une compagnie française obtînt la faculté de s'y établir. Cette île déserte a cinq milles d'étendue d'orient en occident et environ un mille de large. Elle est sous la dépendance du gouverneur de Lancerotte, et les habitants des districts les plus voisins y envoient parquer leurs troupeaux pendant l'hiver. Il faudrait donc s'entendre, pour l'établissement des sécheries, avec l'autorité locale qui probablement n'y mettrait aucun obstacle, aujourd'hui surtout que dans ces îles le commerce et l'industrie recherchent les secours du dehors et marchent dégagés des entraves qui arrêtèrent trop long-temps leurs progrès. Les Isleños tâchent maintenant d'utiliser toutes leurs ressources en appelant chez eux les autres nations : le monopole de l'orseille, de la barrile (1) et du vin de Ténériffe a passé entre les mains des Anglais; si les Canaries possédaient des mines, l'on verrait bientôt, comme dans l'île de Cuba, des spéculateurs étrangers venir les exploiter pour leur propre compte; mais la mer qui baigne cet archipel en possède une peut-être plus riche et plus féconde que celles du Pérou, car elle ne tarit jamais. Déjà les Isleños ont laissé une compagnie de Génois s'établir sur la côte de la Gomère pour s'y livrer à la pêche du thon, et cet antécédent

(1) La soude naturelle.

est de bon augure pour l'occupation de l'îlot de Graciosa, auquel les Canariens n'attachent aucune importance. Les avitaillements dont les bâtiments pêcheurs auraient besoin et qu'ils achèteraient des insulaires seraient pour ces derniers un profit réel, sans compter celui qu'ils retireraient de l'enseignement d'une meilleure méthode de conservation appliquée aux produits de la pêche.

Graciosa, située à quarante lieues environ de la côte d'Afrique, se trouve admirablement placée pour une sécherie, car on aurait là sous la main toutes les ressources nécessaires. Le canal *del Rio* qui sépare cette petite île de Lancerotte n'a guère plus d'un mille de large et offre un très-bon mouillage. « *Ce canal*, dit le lieutenant Arlett, *forme le hâvre le plus vaste des Canaries et le seul qui soit sûr pour les grands bâtiments* (1). » J'ai parcouru moi-même *le Rio*, et George Glas en a donné un plan fort exact que j'ai jugé à propos de reproduire ici.

(1) Voy. *Bull. de la Soc. de géog.*, mém. cité, janvier 1857.

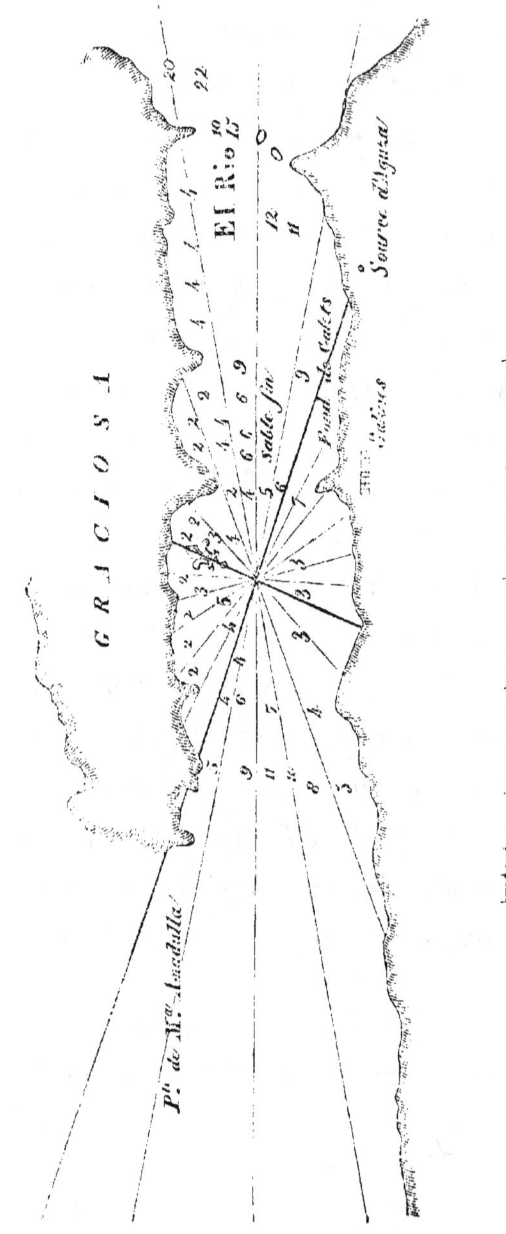

GRACIOSA
El Rio
P.te de Nra Anedulla
Source d'Aguza
Fond de Galets
sable fin
LANCEROTTE.
5 Mills.

Le navigateur anglais avait su apprécier l'importance de ce mouillage quand il en entreprit l'exploration. Le canal d'*el Rio* offre l'avantage d'une libre sortie lorsque le vent est contraire vers une de ses embouchures. Les bâtiments du plus fort tonnage peuvent y entrer, ce qui n'a pas lieu au port de *Naos* de Lancerotte, où les navires qui ont plus de dix-huit pieds de tirant d'eau ne peuvent entrer qu'à la marée haute, ni à l'*Arrecife* de la même île, dont les bâtiments qui jaugent plus de douze pieds ne peuvent franchir la barre sans s'échouer. Dans le canal de Graciosa ils sont à l'abri des vents du nord-est et tiennent sans déraper sur un fond de sable blanc mêlé de rocaille, par trois, cinq, sept et neuf brasses de profondeur. Ils peuvent s'amarrer très-près de l'îlot, dont la côte ne présente aucun danger, car, presque à toucher terre, on trouve encore deux brasses de fond. « Toutefois, il est prudent, dit Glas, d'avoir une bonne ancre et du câble prêt à filer, les fortes rafales qui soufflent des montagnes de *Famara* (Lancerotte) et les vents d'est et de sud-est pouvant faire chasser les navires mouillés dans le canal. » Dans toute l'étendue du *Rio*, il n'existe qu'un seul bas-fond, à droite en entrant, et qu'on peut ranger sans crainte à la distance de quatre brasses. L'îlot étant inhabité et la côte de Lancerotte qui lui fait face n'ayant aucun point fortifié, un navire, même en temps de guerre, peut mouiller en toute sûreté dans le canal, soit pour faire de l'eau ou bien pour se radouber. La mer, quoique moins calme qu'au port de *Naos*, y est assez tranquille tant que la brise ne souffle pas directement à l'est ou au sud-est, mais différemment on peut toujours sortir par la passe d'occident et venir mouiller sur l'autre bande de l'île, derrière la pointe de *Montaña amarilla*(1). Avec les vents d'ouest ou de sud-ouest, peu fréquents du reste dans ces parages, les bâtiments ont leur libre sortie par la passe d'orient et trouvent à s'abriter derrière la pointe de *Pedro-Barbas* qui se prolonge au nord-est.

Si l'on se décidait à fonder une sécherie sur l'île de Graciosa, les salines de Lancerotte situées sur la côte qui borde le canal fourniraient aux pêcheurs tout le sel dont ils auraient besoin pour

---

(1) Dans le plan lisez *Amarilla* au lieu d'*Amadulla*.

leurs préparations. La source d'*Aguza* n'est qu'à deux pas de là sur le même littoral et peut donner par jour deux barriques d'eau potable (1).

ALEGRANZA. Cette île déserte, située à six milles au nord-est de Graciosa et d'une étendue à peu près égale, offrirait aussi un emplacement très-favorable pour une sécherie. Elle fait partie du patrimoine de l'ancienne maison *Garcia y Lugo*, et le possesseur actuel en retire une rente annuelle de quatre mille piastres. C'est la plus septentrionale des Canaries ; elle est entièrement volcanique et paraît avoir été produite par une éruption sous-marine. Le lieutenant Arlett, qui l'a visitée, évalue sa hauteur à deux cent quatre-vingt-six mètres. « Les abords du cratère, dit-il, sont bien distincts ; il a deux tiers de mille de largeur, son fonds est cultivé. Les côtes de l'ouest sont abruptes et ont deux cent treize mètres d'élévation. Le seul point où l'on puisse débarquer est sur la côte du sud. Une caverne d'environ cinq cents pas s'avance obliquement dans les terres et se termine par une

____

(1) Selon Glas, cette eau contient un principe sulfureux, mais se conserve parfaitement à la mer.

13.

petite plage de sable découverte (1). » C'est de ce côté, et à l'entrée de la caverne, où les rochers forment une jetée naturelle, que se trouve le seul mouillage qui existe autour de l'île.

La Schlima. Il est aussi sur la côte d'Afrique, non loin des parages fréquentés par les pêcheurs canariens, un autre point qui réunirait le double avantage de se prêter à tous les besoins des sécheries et d'offrir de nouveaux débouchés à notre commerce par les relations qu'on pourrait se ménager avec les provinces voisines et les pays de l'intérieur. L'embouchure de la *Schlima*, à quatre milles sud-ouest du cap de Noun, serait, selon moi, le lieu le plus propice pour l'établissement que je propose. Mais, pour que des spéculateurs entreprenants pussent l'occuper sans craindre d'y rencontrer des obstacles et des contrariétés capables de compromettre les intérêts du com-

(1) Voy. *Bull. de la Soc. de géog.*, mém. cité, janvier 1857. L'auteur de la relation a pensé que cette île était habitée par quarante personnes, *occupées*, dit-il, *à ramasser de l'orseille*. Quelques granges et des constructions qui servent de magasin lui parurent un village. Les gens occupés, non pas à ramasser l'orseille, mais à recueillir la glaciale (*mesembryanthemum crystallinum*), dont on retire la soude naturelle, étaient des habitants de Lancerotte qui ne séjournent dans l'île que pendant trois ou quatre mois.

merce, pour prévenir en un mot toute espèce d'avanie de la part des naturels du pays et se tenir en garde contre l'influence et les intrigues astucieuses des agents de Maroc, il faudrait que le gouvernement français prît l'initiative de cette occupation et protégeât au besoin l'établissement par la présence d'une station navale ou d'une force militaire permanente.

La *Schlima* a été signalée sous différentes dénominations sur les cartes et dans les relations des voyageurs : Borda l'appelle la rivière de *Non* (1) et marque son embouchure par 28° 17' de latitude nord; Jackson et Graberg de Hemsoë la nomment *Akassa* ou *Oûady-Noun*, et ce dernier l'indique par 24° 24' (2).

« Oûady-Noun ou fleuve Noun, c'est-à-dire le fleuve des anguilles, dit M. Graberg, coule dans le pays appelé *Akassa;* il débouche près du cap dont il emprunte le nom, et forme l'extrême

______

(1) Voy. la *carte des îles Canaries et d'une partie de la côte occidentale d'Afrique*, d'après les observations faites, en 1776, sur la *Boussole* et l'*Espiégle*, par le chevalier de Borda, 1780. Dépôt de la marine.

(2) Voyez la carte qui accompagne son ouvrage, *Specchio di Marroco*.

frontière du Moghreb-el-Acsà considéré comme région géographique (1). »

Dans un autre passage où il est question de la
ville de Noun, le même auteur s'exprime en ces
termes : « *Noun* est plus grande et plus peuplée
que *Stukha*, et compte environ deux mille âmes
de population. Elle est située sur les bords du
fleuve que les habitants appellent *Vad-Nun* (Oûady-Noun), mais dont le véritable nom est *Akassa*,
et qu'on doit considérer sans doute comme le
Daradus des anciens (2). »

Le lieutenant de vaisseau de la marine royale
d'Angleterre, M. W. Arlett, qui a exploré cette
partie de la côte occidentale d'Afrique avec des
pilotes de Lancerotte, en parle sous le nom de
la Schlime (*Sheelma*) et la place par 28° 41', mais
il en signale aussi une autre à trente-un milles

____

(1) « . . . Il *Vad-Nun*, o fiume Nun, Cioè, fiume delle an-
guille, ma realmente nel paeze nominato *Akassa*, che sbocca
presso il capo del medesimo nome, é l'ultimo termine da quella
parte del Meghreb-el-Acsà, considerato come regione geogra-
fica, p. 27. »

(2) » . . . *Nun* é piu grande e piu numeroso con circa due mila
anime di popolazione, posto intorno un fiume detto dagli abitanti
Vad Nun, ma di cui il vero nome é *Akassa*, ed é senza dubbio
il *Daradus* degli antichi, p. 66. »

plus au midi qu'il considère comme le vrai Noun.

« A quatre milles au sud-ouest du cap Noun, dit-il, on trouve une rivière à laquelle on a donné différents noms; mais M. Wilschire, vice-consul à Maroc, m'a appris que sa véritable dénomination est *Shleema*, et c'est ainsi que je l'ai désignée. A trente-un milles au sud de la Shleema, et par 28° 19' de latitude nord, il y a une autre rivière de la même grandeur. Sur laquelle des deux rivières est située la ville de Noun? c'est ce que je ne saurais dire; ce qu'il y a de singulier, c'est que la description du pays convient également aux deux rivières, et que la latitude de la dernière est justement celle où l'on place l'*Akassa* ou la *Shleema*. Jackson, dans ses remarques sur Léon l'Africain, dit qu'il ne serait pas impossible que la rivière *Draha*, au lieu de se perdre dans le désert, ne se jetât dans la mer. Dans la carte que j'ai faite de cette côte, j'ai appelé cette rivière du sud *Wad-noon* (1). »

Ainsi, tout porte à croire que deux rivières

______

(1) Voy. *Descrip. de la côte d'Afrique depuis le cap Spartel jusqu'au cap Bojador*, par le lieutenant W. Arlett. *Bull. de la Soc. de géog.*, 2ᵉ série, t. VII, nᵒ 37, janvier.

ont été prises indistinctement l'une pour l'autre,
et qu'elles coulent sur ce littoral dans le voisinage du cap de Noun. Pour me conformer aux
indications les plus récentes et ne pas embrouil-
ler la nomenclature géographique de noms trop
analogues, déjà employés du reste pour désigner
le cap et la ville principale de cette partie des
états de Maroc, j'ai appelé *Schlima* (*Schleema* d'a-
près le lieutenant Arlett), la rivière la plus septentrionale, et *Akassa*, d'après M. Graberg de
Hemsoë, celle qui forme les limites méridionales
de Moghreb-el-Acsà. Mais, depuis la publication
de la carte annexée à cet ouvrage, et tandis que
je m'occupais de l'impression du texte, j'ai eu
connaissance des renseignements fournis par un
voyageur qu'une mort tragique vient récemment
d'enlever à la science. Je veux parler de l'infor-
tuné John Davidson, qui eût pu, si le sort lui eût
été favorable, fixer bien des incertitudes sur la
position et la nomenclature des lieux dont il est
ici question.

Voici ce que je lis dans les lettres de ce voyageur, publiées par la Société géographique de
Londres : « La carte ne m'est qu'un guide assez

» inutile ; il n'y a pas de rivière du nom d'Akassa :
» c'est l'*Assaka* qui coule près de ce lieu ; entre
» elle et Glamiz sont deux autres rivières nulle-
» ment indiquées, la *Boukoukmar* et la *Syad*. Le
» point où le Scheykh Beyrouth désire établir
» son port est l'embouchure de la rivière *Draha*
» (*el Oûady Drahhah* des Arabes), qui, suivant
» mes calculs, est à trente-deux milles (cinquante-
» un kilomètres) sud-ouest du cap Noun et doit
» occuper la place marquée sur la carte, Akassa. »

» . . . Le Ouâdy Draha naît un peu au sud-
» ouest de Tafilett, arrose les fertiles districts de
» Draha et d'El-Harib, passe près de Tatta et
» d'Akka, ensuite sur la lisière du Sous inférieur
» et coule vers la mer à travers la fertile contrée
» possédée par les tribus d'Errub, Draha, Ma-
» raibat, Tajacanth et Ergebat... (1) »

Ainsi les renseignements de Davidson sur le
Ouâdy-Draha tendraient à confirmer la première
supposition de Léon l'Africain, et l'Akassa de
M. Graberg et de quelques autres géographes ne
serait autre que l'ancien Draha qu'on croyait se

______

(1) Voy. *Journ. de la Soc. géog. de Londres*, 1857. Lettre
de Davidson, p. 164.

perdre dans les sables du Sahara. Quant à la ville de Noun, au lieu d'être située près de cette rivière, on devrait, d'après le voyageur anglais, la renconter plutôt sur les bords de la Schlima et beaucoup plus près du littoral.

Quoi qu'il en soit, les grandes barques peuvent toujours franchir la barre de ces deux rivières (la *Schlima* et le *Ouâdy-Draha* ou l'*Akassa*) dont les eaux sont assez profondes, et les navires d'un fort tonnage trouvent un bon mouillage, le long de la côte, à l'abri du cap, depuis le mois de mars jusqu'à la fin d'octobre. Les pêcheurs canariens assurent que le pays adjacent est un des plus fertiles et des mieux cultivés, que les habitants y sont plus traitables et qu'ils se montrent assez bien disposés en leur faveur. La ville de Noun, que M. Graberg place à cinquante milles de l'embouchure de l'Akassa, mais que les indications plus récentes de Davidson fixent seulement à cinq ou six heures de marche de la mer (1), est

---

(1) Le journal de Davidson, qu'on vient d'imprimer tout récemment, me fournit à ce sujet l'indication suivante :

« Vendredi, 22 avril 1836, nous avons passé la chaîne du Sous » inférieur et sommes entrés à Ouâd-Noun..., grand bourg (*Large*

considéré comme l'entrepôt du commerce entre
Mogador et la Négritie. Le pays abonde en gomme, en cire et en plumes d'autruche; Noun est le
point de ralliement des caravanes qui partent ou
arrivent de Ten-Boktoue. Il est à remarquer que les
renseignements du lieutenant Arlett confirment
complètement ceux qui avaient déjà été donnés
par le consul Graberg de Hemsoë dans son *Specchio di Marocco* (1). L'officier anglais s'exprime
ainsi dans son rapport : « La partie comprise entre
» le cap de Noun et la rivière Schlima me paraît être
» la place la plus favorable de cette côte pour
» établir une factoterie, si on jugeait à propos de
» le faire, et pour ouvrir un commerce direct
» avec Ouâd-Noun. Il est bien reconnu que cette

» *Town*) fermé de plusieurs petits groupes d'édifices : il tire son
» nom d'une reine portugaise *Nounah* ; ainsi Ouâd-Noun signifie
» *la vallée de Nounah.* Ce lieu est éloigné de la mer de cinq ou
» six heures de marche. Notre première halte fut sur les bords
» d'un magnifique courant d'eau. » *Journal de J. Davidson*,
in-4°, p. 84, 1840.

(1) . . . Gli abitanti, per maggior parte Arabi, con pochi
Scehlocchi, fanno un traffico importantissimo con Tambuctù, è
col centro dell' Affrica ; e Nùn è veramente il luogo di conserva e
di deposito del commercio fra Mogadorè e gli emporii della Ni-
grizia. » *Specchio geog. e stat. dell' impero di Marocco*, del
cav. conte. J. Graberg di Hemsœ, Genova, 1834.

» ville a un grand commerce intérieur ; elle est
» en communication constante avec Ten-Boktoue,
» et les tribus errantes entre le cap Noun et Bo-
» jador viennent s'y approvisionner. Les produits
» du Soudan passent aussi par cette ville pour al-
» ler à Maroc ; et, si on pouvait établir un com-
» merce direct avec elle , il n'est pas déraisonna-
» ble de penser que la plus grande partie du com-
» merce de la gomme, qui se fait aujourd'hui par
» le Sénégal, pourrait bien venir par ici (1). »
Puisse cet avertissement ne pas être perdu pour
la France !

Chenier, en 1787, et après lui Jackson, disent
aussi que la contrée qui avoisine le cap de Noun
offre les plus grandes chances de succès pour les
entreprises commerciales. Les habitants de cette
province , la plus reculée des états de Maroc,
puisqu'elle limite avec le grand désert, paraissent
bien disposés pour les Européens ; le pouvoir de
l'empereur y est sans influence , et l'on peut considérer cette partie du territoire comme à peu
près indépendante.

(1) Voyez sa description. *Bull. de la Soc. de géog.*, janv
1837, n° 57 , p. 47.

GUEDER. Par 29° 10' de latitude N., c'est-à-dire à environ 25 milles N.-E. du cap de Noun, le lieutenant Arlett signale le port *Reguela* ou *Gueder*. Ce point, dont la situation me semblerait aussi très-favorable pour un établissement de pêche et de commerce, est le même que celui indiqué sous le nom de port d'*Hilsborough*, dans la carte que M. Graberg de Hemsoë a annexée à son ouvrage. Cette partie de la côte est très-sûre, et bien qu'elle n'abrite pas les grands navires, on peut cependant s'en approcher sans crainte. « Deux promontoires de roches s'avancent à une petite distance dans la mer, dit la relation (1), leurs côtes sont à pic; une ravine profonde et étroite les sépare, et un petit ruisseau se jette dans la mer au fond de cette petite baie, où il y a beaucoup d'eau, et dont le fond est net. »

Gueder est un des points de ce littoral les mieux connus des Canariens : ils y fondèrent un poste militaire dès l'an 1476 : Diego de Herrera, seigneur de Lancerotte et de Fortaventure, y fit construire à cette époque le château qu'on appela *Santa-Cruz de Mar pequeña* ou *Santa-Cruz*

(1) *Id.*, p. 59.

de Mar menor. Cette forteresse fut démolie en
1524, après un siége opiniâtre, lorsque le roi
de Fez reprit la défensive, et força les Isleños à abandonner ce poste important (1). En
1764, Georges Glas, qui comprenait bien tout le
parti qu'on pouvait tirer d'un comptoir situé sur
cette côte, tenta d'exécuter un projet que la vi-
gilance de l'Espagne, alors toute-puissante, fit
échouer à son début. Lord Hilsborugh qui, à cette
époque, faisait partie du ministère anglais, appré-
ciant les vues de Glas, promit de lui prêter tout
son appui ; mais il paraît que le gouvernement bri-
tannique laissa d'abord agir l'aventurier, sans
prendre une part active dans son entreprise.
Quoi qu'il en soit, Glas vint s'installer au port de
Gueder, auquel il donna le nom de *port d'Hilsbo-*
rugh, en l'honneur de son protecteur; mais, ayant
été détenu aux Canaries par ordre de la cour de
Madrid, ses gens se prirent de querelle avec les
Maures de Gueder, et l'établissement privé de
son chef fut bientôt abandonné (2). Les marins

(1) Voyez à l'appendice à la fin du volume. *Des premières en-*
treprises des Isleños sur la côte occidentale d'Afrique, etc.
(2) *Id.*

canariens qui ont visité la baie de *Mar pequeña* assurent que les brigantins de cinquante
à soixante tonneaux peuvent mouiller à l'embouchure de la rivière où l'on trouve un très-bon dé-
barcadère.

De nombreuses variantes dans l'orthographe des
noms ont occasionné une confusion géographique
entre le port de Gueder et celui d'Agadir. Ainsi le
cap de Gher ou Geer (*Abgher Ráz*), qui avoisine
Agadir, a été pour les Portugais et les Espagnols
le cap Aguer, et ce même nom d'Aguer a été appliqué à la ville située au fond de la baie qu'abrite
le cap, et que les Portugais possédèrent pendant
plus de trente ans. C'est la même que les Espagnols
désignent sous le nom de *Santa-Cruz de Berberia*,
la Sainte-Croix de nos cartes. D'autre part, l'analogie de ce nom avec celui de *Santa-Cruz de Mar
pequeña* ou *Mar menor*, imposé par les insulaires
des Canaries au bastion que Herrera fit construire
à l'embouchure du ravin de Gueder, situé à vingt
lieues environ au sud-est de la rivière de Sus, et
l'habitude de les écrire tant l'un que l'autre par
abréviation (*Sta-Cruz*), les différentes formes qu'on
a données à Gueder, en écrivant indistinctement

Guader et *Guadir* (1), enfin la ressemblance qu'il
en est résulté avec les variantes d'Agadir, telles
que *Aguer*, *Aguader* et même *Gader* (2), d'après
l'indication de quelques géographes, tout cela,
dis-je, a occasionné l'erreur que je signale ici.
De là provient encore que certains historiens ont
prétendu qu'Agadir ou Sainte-Croix de Barbarie
avait appartenu aux Espagnols, et que Gueder ou
Sainte-Croix de Mar menor avait fait partie des
anciennes possessions portugaises de la côte occidentale d'Afrique. Mais si l'on eût consulté les
vieilles cartes manuscrites, qui sont souvent d'excellents guides dans ces questions de géographie
historique, on eût vu les drapeaux des deux nations rivales flotter sur leurs possessions respec-
tives le long du littoral (3).

(1) Voy. Viera, *Noticias*, Abreu Galindo, et les autres auteurs espagnols ou isleños.

(2) Voyez *la carte pour servir au voyage de M. Saugnier
au Sénégal*, dressée sur ses mémoires par De Laborde, 1791.

(3) La carte de M. Graberg de Hemsoë (voy. *Specchio di Marocco*) est la seule qui indique la position de Gueder sous le nom
de *Port d'Hilsborough*, mais ce géographe la porte par 29° 20',
c'est-à-dire à 10' plus au nord que le lieutenant Arlett. Dans la
plupart des cartes modernes il n'est plus question de Gueder ; il
faut avoir recours aux cartes marines, portugaises ou espagnoles
du xvᵉ, xvιᵉ et du commencement du xvιιᵉ siècle pour retrouver

Baie d'Arguin. L'île d'Arguin, que la France possédait encore vers le milieu du dernier siècle, serait aussi un entrepôt très-favorable pour la préparation des produits de la pêche. Le poisson est extrêmement abondant sur le banc de sable qui barre la baie, et la proximité du cap Saline, où l'on trouve le sel naturel en quantité, offrirait de grandes ressources aux pêcheurs. Cette station pourrait devenir très-importante par le commerce qu'on ferait avec les tribus qui vivent dans le voisinage, et dont on retira jadis d'assez bons profits. Cadamosto, ce voyageur vénitien auquel rien n'échappait de ce qui pouvait être utile au commerce, donnait déjà des renseignements sur les pêcheries de ces parages dans la relation du voyage

ce nom oublié. Je citerai deux cartes portugaises de la précieuse collection rassemblée par les soins de M. Jomard au cabinet géographique de la Bibliothèque royale, la première du xvie siècle sans nom d'auteur, la seconde de 1618 par Domingo Sanchez de Lisbonne; puis une autre de l'atlas de la duchesse de Berry que possède le même établissement. On peut voir encore le port de Gueder très-bien signalé dans un bel atlas que j'ai eu occasion de consulter dans la riche bibliothèque de M. le baron Taylor. Enfin la magnifique collection de documents historiques et géographiques de M.H. Ternaux-Compans contient aussi un autre atlas fort curieux (de Jean Martinez de Messine, 1567) sur lequel j'ai retrouvé encore le nom *Santa-Cruz de Mar menor*.

qu'il exécuta en 1455 (1). Bordone, qui, en 1520, figurait les îles d'Arguin dans son *Isolario*, parle du trafic que faisaient alors les Portugais avec les Maures de la côte, et qui consistait en esclaves et en poudre d'or. Dans les *Relations universelles* (2) de Juan-Botero Benes, imprimées à Valladolid en 1603, on lit le passage suivant :

« Après avoir dépassé le cap de Las Garças (cap
» des Hérons ou cap Saline), on aperçoit au fond
» d'une baie les îles d'Arguin, qu'on découvrit
» l'an 1443, et qu'on appela du nom de la princi-
» pale. Elles sont au nombre de six ou sept, toutes
» petites et habitées par des Azanegues (*Azanegos*)
» qui vivent de poissons (qu'on rencontre en très-
» grand nombre dans la baie). Ces Azanegues pos-
» sèdent de petites barques nommées Almadies
» (*Almadias*). Les autres îles dont je suis parvenu
» à savoir les noms sont l'île de *la Garça* et celles
» d'*Elnar*, de *Tider* et d'*Adegt*. »

Les îles d'Arguin furent en effet découvertes

(1) Voy. sa relation dans le recueil de Ramusio.
(2) Voy. Barros. *Asia* dans sa relation des conquêtes des Portugais.

l'année indiquée par Botero, et les Portugais les ont souvent désignées sous le nom d'*Adegt* dans leurs relations. En 1445, l'infant don Henri y envoya son écuyer Gonzalo de Cintra; mais celui-ci, s'étant trop hâté de mettre pied à terre, fut attaqué par deux cents Maures qui le tuèrent avec plusieurs des siens. D'autres navigateurs de la même nation y abordèrent ensuite dans l'intention de s'y établir, mais leur tentative fut infructueuse. Celle de Nunez Tristan rapporta une vingtaine d'esclaves qu'on vendit en Portugal. Juan Fernandez s'y fixa bientôt après, et vécut deux ans avec les habitants de la côte. Il y fut retrouvé en 1447, lorsqu'Antoine Gonzalez et ses compagnons y furent jetés par la tempête. Ces aventuriers ayant pris possession du pays, le trafic de la poudre d'or et des nègres qu'on venait vendre aux îles d'Arguin décida l'infant don Henri à y construire une forteresse, qui fut commencée en 1448 et achevée en 1482.

Ce bastion resta au pouvoir des Portugais jusqu'en 1638, qu'il fut pris par les Hollandais, dont la puissance prenait alors une grande extension. Les Anglais, non moins entreprenants, s'en em-

parèrent en 1665, et les Hollandais le leur repri-
rent un an après.

En 1678, les Français s'y établirent pour la
première fois, et le fort des Portugais fut miné.

Les Hollandais y retournèrent en 1685, sous
la bannière de Brandebourg, et conservèrent jusqu'en 1721 ce poste important que les Français
parvinrent à reprendre ; mais les Hollandais, ai-
dés des Maures, les en chassèrent encore l'année
suivante.

Enfin, en 1724, la France faisait occuper de
nouveau l'île d'Arguin, qu'elle finit pourtant par
abandonner plus tard.

Le P. Labat, auquel j'emprunte une partie de
ces renseignements, dit « que la grande baie, au
fond de laquelle se trouvent situées les îles d'Arguin, s'étend depuis le cap Blanc jusqu'au cap
Mirik ou rivière de Saint-Jean, sur une longueur
de quarante lieues environ. L'ouverture de cette
enceinte est fermée par un banc de près de vingt-
cinq lieues d'étendue, sur lequel la mer est tou-
jour grosse et où les bâtiments ne peuvent passer.
Le dedans, entre la côte et le banc, est rempli
d'îles désertes et de récifs qu'il est difficile de pa-

rer. On rencontre aussi dans la baie plusieurs bas-fonds couverts d'herbe marine.

» La plus grande des trois îles principales, ajoute le P. Labat, est celle proprement dite d'Arguin, nommée *Ghir* par les Arabes. Elle a environ une lieue et demie de long sur un peu moins d'une lieue de large. On y remarque deux citernes voûtées où les eaux sont ramassées de plusieurs sources. Ces citernes sont creusées dans le roc : une semble de main d'hommes. Les Portugais n'ont jamais rien dit de ces ouvrages, eux dont les historiens sont si exacts à faire mention des moindres choses qui peuvent faire honneur à leur nation, et cet ouvrage en doit faire à ses auteurs (1). »

LES ILES DE SAINT-LOUIS ET DE GORÉE.

Deux autres postes que nous possédons sur la côte occidentale d'Afrique me sembleraient réunir toutes les conditions désirables à cause de leur position géographique, par rapport aux parages où se fait la pêche. Je veux parler de l'île

(1) *Description de la côte occidentale d'Afrique*, par le Père Labat.

Saint-Louis dans la rivière du Sénégal, et de l'île de Gorée, située près du cap Vert. Cette dernière surtout mérite une attention particulière. On a pu voir, par les observations de M. l'amiral Roussin, (p. 175), qu'à la latitude de cette île, le climat participe encore des avantages que j'ai déjà fait remarquer pour les pays situés plus au nord. Les brises y sont aussi fraîches et non moins régulières; dix ou quinze jours après que le soleil a repassé par le zénith du lieu, on s'y regarde comme délivré de mauvais temps. Le 15 novembre, on tire un coup de canon à Gorée, pour annoncer que l'hivernage est passé.

L'anse de l'Aiguade, qui reste dans le N.-O. de la rade, près d'un village nègre de la grande terre, est extrêmement poissonneuse; *la pêche à la seine offre une ressource certaine pour tous les bâtiments en relâche, quel qu'en soit le nombre* (1). M. Rang, un des officiers de notre marine, bien connu par les services qu'il a rendus à la science et au commerce, m'a assuré que la belle collection de poissons qu'il avait envoyée au Muséum

______

(1) Voy. le mémoire cité de M. l'amiral Roussin, p. 27 et 63

d'histoire naturelle de **Paris**, pendant sa station à Gorée, provenait de deux coups de seine. Si l'on accordait la préférence à cette île pour l'établissement des sécheries, les navires expédiés de nos ports de France pourraient, après avoir effectué leur chargement de poisson sur les divers attérages de la côte, à partir du cap de Geer, venir l'y déposer en trois ou quatre jours, car ils seraient favorisés dans cette traversée par les courants et les brises régulières d'E.-N.-E. qui règnent habituellement dans ces parages. Les bâtiments de la marine royale, chargés de la surveillance de nos possessions d'Afrique, seraient à portée de protéger nos pêcheurs, et les sécheries de Gorée auraient la facilité de se pourvoir du sel nécessaire aux îles du cap Vert, où il abonde (1).

Quant aux navires que les armateurs de Gorée ou du Sénégal voudraient expédier directement à la pêche, bien qu'ils eussent à lutter contre les vents contraires et les courants pour atteindre

(1) Le poisson est aussi très-abondant aux îles du cap Vert, selon le rapport des voyageurs qui ont visité ces parages. Voy., à ce sujet, Frezier, *Relation du voyage de la mer du sud aux côtes du Chili et du Pérou*, fait pendant les années 1712-1714, p. 11 et 12.

les points où ils commenceraient leurs opérations, ce retard serait compensé au-delà par la promptitude avec laquelle ils feraient leur retour. « La vitesse des courants généraux à la côte d'Afrique, dit M. l'amiral Roussin, reconnue par un très-grand nombre d'observations, n'a jamais passé un mille cinq dixièmes à l'heure sur la côte même et sur l'acore extérieure des bancs; le plus souvent, elle n'a été trouvée que de sept dixièmes à neuf dixièmes de mille. Cette vitesse doit généralement diminuer d'un tiers et souvent même de moitié, quand on est à quatre lieues au large. On ne doit donc jamais craindre de ne pouvoir la refouler, si l'on avait dépassé une destination quelconque; avec un bon bâtiment, et en faisant de grandes bordées, on pourrait toujours remonter (1). »

La position géographique de Saint-Louis du Sénégal et de Gorée ne faciliterait pas moins les expéditions directes, c'est-à-dire l'envoi des chargements de poisson aux colonies d'Amérique, car cette navigation offrirait alors bien moins de

____

(1) Voir le mémoire cité de M. l'amiral Roussin, p. 32 et 33.

chances par la brièveté du trajet et la faveur des vents. On sait que de la promptitude des arrivages pour les cargaisons de morue expédiées de nos ports de France ou des entrepôts de Saint-Pierre et Miquelon, dépend en grande partie le succès des expéditions. D'autre part, si l'on considère que le poisson salé de la côte d'Afrique pourrait . en raison de sa bonne qualité, offrir à nos populations des Antilles une ressource alimentaire saine, en bon état de conservation, moins sujette à s'avarier, et par conséquent préférable à la morue de Terre-Neuve, si l'on réfléchit que le transport et la vente dans nos colonies en temps opportun tourneraient au profit de notre commerce, en empêchant la concurrence des Américains, on comprendra de suite tous les avantages qui résulteraient de l'établissement d'une grande sécherie dans les parages que j'indique.

La consommation en morue dans nos Antilles est d'environ 8,000,000 de kilogrammes, dont les Américains fournissent plus d'un tiers. La mauvaise qualité des cargaisons françaises a excité souvent les plaintes des consommateurs ; le poisson qui en provient arrive ordinairement en mau-

vais état, sa chair est friable, sans consistance, et
sujette à s'avarier promptement. La morue américaine, au contraire, dont le transport s'opère en
moins de temps, et qui arrive dans la bonne saison, est généralement reconnue de qualité supérieure; aussi est-elle achetée par la population
blanche à un taux beaucoup plus élevé; et, tandis
que son prix de vente est de 50 et parfois de
60 francs les cent kilogrammes, la nôtre atteint
à peine celui de 30 francs (1).

Cette défaveur que la morue française est for-
cée d'encourir dans nos marchés des Antilles
provient de plusieurs causes. Les cargaisons expédiées directement de Saint-Pierre et Miquelon
pour nos colonies d'Amérique ont à supporter
une traversée de vingt à vingt-cinq jours, et souvent plus encore. Ces expéditions, ne pouvant
avoir lieu pendant les quatre mois d'hiver, arrivent toutes de la fin d'août à la fin de septembre,
c'est-à-dire à l'époque où la consommation en
poisson salé est la moins forte, à cause de l'abon-

____

(1) Voy. Marce, *Dissertation sur plusieurs questions con*
cernant la pêche de la morue. Paris, 1851.

dance du poisson frais (1). Les bâtiments qui partent de France ont encore à courir de plus mauvaises chances, car leur cargaison, après une première traversée moyenne de vingt jours pour venir de la côte de Terre-Neuve dans les ports de la métropole, en ont à supporter une autre de trente à trente-cinq pour se rendre d'Europe en Amérique. Tous ces inconvénients disparaîtraient dans les pêcheries de la côte d'Afrique : les expéditions pourraient avoir lieu toute l'année en quinze ou dix-huit jours de traversée et même en moins de temps avec des bâtiments bons voiliers ; le poisson préparé dans les sécheries de Gorée ou de la côte arriverait dans les marchés des colonies en bonne condition, fournirait un aliment sain à la population noire, et, peut-être que mieux séché que la morue de Terre-Neuve, souvent exposée aux brumes, il serait recherché pour la table des blancs qui ne consomme jusqu'à présent que la belle morue américaine.

LES ZAPHARINES. Enfin, si le projet d'établir des sécheries aux îles Canaries ou sur la côte occiden-

______

(1) Voy. l'observation sur les poissons des Antilles, p. 40

tale d'Afrique, présentait des inconvénients ou bien éprouvait des contrariétés que je ne puis prévoir, il resterait la ressource de dépôts analogues à ceux de Dieppe, la Rochelle et Bordeaux. Mais pour que le poisson préparé à mi-sel, pour être complètement séché dans ces sortes d'établissements, y arrivât le plus promptement possible, il serait important de choisir les points les plus rapprochés des lieux de pêche ; et, dans ce cas, nos possessions algériennes me sembleraient seconder admirablement ces nouvelles entreprises. Douze ou quatorze jours de navigation suffisent ordinairement pour se rendre, avec les vents contraires, des îles Canaries dans le détroit de Gibraltar; or, en admettant que nos bâtiments pêcheurs eussent à effectuer leur retour à partir du cap Bojador, par 26° 12', ou bien du cap Blanc, par 20° 48', cette différence de 2 à 8° environ ne pourrait guère leur occasionner que trois ou quatre jours de navigation de plus; et si à ce chiffre on ajoute encore 24 heures de traversée, pour la distance comprise entre le détroit et les points de la côte de l'Algérie (la baie d'Oran et les îles Zafarines), où l'établissement des sécheries me paraîtrait le plus convenable, on peut calculer à dix-huit ou vingt jours de navigation la traversée des lieux de pêche les plus éloignés aux points que je signale. Ce laps de temps ne pourrait en aucune manière préjudicier aux cargaisons, car le poisson préparé à mi-sel est susceptible de se conserver pendant six semaines, et, dans bien des circonstances, les navires qui seraient favorisés par des séries de vents variables, comme cela arrive assez fréquemment, pourraient arriver en moins de deux semaines à leur destination.

Les sécheries des îles Zafarines et d'Oran, situées pour ainsi dire à la porte de la Méditerranée, offriraient l'avantage aux cargaisons qu'on expédierait aux colonies, de pouvoir disposer à leur gré de la faveur des vents pour franchir rapidement le détroit. La température de la côte septentrionale d'Afrique faciliterait beaucoup les opérations du *séchage*, et assurerait au poisson une bonne conservation. Mes explorations dans la baie de Merz-el-Kebir et aux îles Zafarines m'ont mis à même de juger des avantages que présenteraient ces deux localités sous le rapport de la sûreté de l'ancrage, des influences du climat, de la position géographique et des ressources que l'on pourrait tirer de la côte voisine. Sous cette latitude, on n'aurait pas à redouter ces brumes malencontreuses qui altèrent la morue de Terre-Neuve (1) ; la sécheresse de l'air et l'état de l'atmosphère réunissent toutes les conditions désirables.

Depuis nos conquêtes en Afrique on a souvent fait mention de la baie de Mers-el-Kebir dans plusieurs ouvrages ou mémoires : les dépôts de la marine et de la guerre ont fait graver d'excellentes cartes (2) de cette partie de la côte, une des plus importantes de nos possessions algériennes ; je renvoie donc à ces documents pour tous les renseignements locaux. Quant aux îles Zafarines, comme ce mouillage et les avantages qu'il offre sont beaucoup moins connus, j'exposerai ici mes propres observations. Ces îles sont situées dans la Méditerranée, à soixante-cinq lieues environ du

(1) La morue *brumée*, c'est-à-dire celle qui est restée exposée à l'action combinée du soleil et des brouillards, dans nos sécheries de Saint-Pierre et Miquelon, est reconnaissable à sa couleur noirâtre ; sa chair est sans consistance, friable, et arrive à une prompte décomposition. Voy. Maree, mémoire cité, p. 37.

(2) Voy. *carte des altérages d'Oran et d'Arzeu.* Dépôt de la marine, n° 820. *Plan du mouillage de Merz-el-Kebir,* Id. n° 731.

détroit de Gibraltar, sur la côte d'Er-Riff, vers la frontière occidentale des anciens états de la Régence. La Mulvia ou Mulouja forme aujourd'hui les limites naturelles entre nos possessions algériennes et l'empire de Maroc.

Les Maures prétendent que ces limites doivent partir, comme au temps de Shaw, d'un village en ruines situé à deux milles environ du cap Hone, mais on sait que ces lignes de démarcation n'ont jamais été réglées d'une manière précise. Depuis la conquête de la province de Telmsen par le dey d'Alger, le cours de la Mulouja (Mulvia), celui de l'Enza ou Er-Zha, qui vient se jeter dans la première à quinze lieues de son embouchure, semblent devoir constituer la ligne de démarcation la plus naturelle entre l'Algérie et l'empire de Maroc, dont la province d'Er-Riff forme aujourd'hui l'extrême frontière du côté d'orient.

La distance qui sépare les Zafarines de la côte adjacente est d'environ une demi-lieue. On aperçoit de ces îles la haute chaîne de l'Atlas, dont les pentes septentrionales descendent vers la province d'Er-Riff ou du rivage, pays encore moins connu des Européens que les contrées les plus

éloignées du Nouveau-Monde. Le caractère hos-
tile des habitants de ce littoral a rendu jusqu'à
présent toute exploration impossible sur cette
partie du continent africain.

Les Zafarines présentent un excellent mouillage
pour toute sorte de bâtiments, même pour les
vaisseaux de guerre; leur possession doit d'autant plus nous intéresser que les côtes de l'Algérie
offrent peu de bons abris. Ces îles, en s'étendant
d'orient en occident, forment une ligne courbe
dont les extrémités s'inclinent au midi. Leur situation, par rapport à la côte adjacente, donne
lieu à une vaste baie qu'elles bornent au nord et
qui a deux grandes entrées, l'une à l'ouest entre
le cap Kilbadana et la Zafarine la plus occidentale;
et l'autre à l'est entre le cap del Agua et la plus
grande des trois ou la Zafarine de l'est. Au sud
de ces îles, à une portée de pistolet de terre, l'on
trouve encore huit brasses d'eau sur un fonds de
sable, et l'on est là parfaitement à l'abri des vents.
La Zafarine de l'ouest, qui est la plus élevée, a environ un demi-mille de long sur un tiers de mille
de large; celle du milieu, qui est la plus petite, n'a
pas un demi-mille dans sa plus grande dimension;

la plus orientale présente un amas de rochers qui occupent une étendue d'environ trois quarts de mille. Ces îles ne possèdent aucune source, mais en automne et en hiver les pluies y sont abondantes, et, si l'on y établissait un poste militaire, il serait facile de creuser des citernes pour la consommation journalière et même pour l'approvisionnement des navires en relâche. Dès lors cette station offrirait non-seulement toutes les ressources nécessaires à un entrepôt de pêche, mais elle deviendrait en même temps d'une grande importance par le commerce qu'on pourrait faire avec la côte voisine et dont le monopole est maintenant entre les mains de quelques juifs mograbins, établis à Gibraltar, qui savent se ménager des relations avec les populations d'er-Riff. Ces *Riffeños*, comme les appellent les Espagnols, laissent aborder les bâtiments qui viennent trafiquer avec eux, malgré les prohibitions de l'empereur de Maroc, auquel ils refusent souvent de payer le tribut; mais il faut prendre toutes ses mesures pour ne pas être dupe ou victime de leur mauvaise foi. Les brigantins de Gibraltar qui viennent traiter sur cette côte inhospitalière se tiennent toujours sur la défensive et ont soin d'exiger des otages, qu'ils gardent à bord jusqu'à ce qu'ils aient effectué leur chargement.

Le commerce de la côte d'er-Riff consiste en blé et autres céréales, en bestiaux, en peaux et en laines.

On achète le blé à une piastre forte la fanègue (mesure d'Espagne) rendue à bord.

Les moutons sont de la grande race et ne valent qu'une demi-piastre, quelquefois moins.

On paie les bœufs à raison de six piastres et les mules à dix.

On trouve l'eau sur la côte voisine, vers le cap d'el Agua, le plus rapproché des îles Zafarines, et un bastion dans cet endroit serait plus profitable que les forteresses espagnoles de Melilla et de Ceuta.

Le climat des Zafarines est heureusement tempéré par les brises. Au mois de septembre 1830, époque de mon excursion dans ces îles et le long du littoral de l'Algérie, la chaleur était très-supportable. Plusieurs familles anglaises se réfugièrent aux Zafarines pendant l'épidémie qui désola Gibraltar, il y a quelques années, et y campèrent tout le temps que dura la contagion.

J'ai pensé qu'il ne serait pas superflu de reproduire à la suite de ces renseignements ceux que M. A. Bérard a donnés récemment sur la même localité. Les notions de cet excellent officier, en s'accordant avec ce que je viens de dire sur la sûreté du mouillage des Zafarines, confirment mon opinion sur les avantages qu'offriraient aux armateurs les sécheries ou entrepôts de pêche qu'on établirait dans ces îles.

M. le capitaine de corvette, A. Bérard, chargé, en 1833, par le ministère de la marine d'une reconnaissance générale des côtes de l'Algérie, a compris les Zafarines dans les limites de nos possessions africaines.

« Ces îles, dit-il, sont situées au nord du cap d'el Agua, à un mille et deux tiers de distance ; elles sont au nombre de trois, petites et très-voisines l'une de l'autre. La plus à l'ouest, qui a cent trente-cinq mètres de hauteur, est la plus élevée. Elle est séparée de celle du milieu par un canal d'un tiers de mille, à travers lequel on peut passer, mais en rangeant de plus près l'île du milieu ; car au N. 5° E. de la pointe septentrionale, il y a un haut-fond de roches où l'on ne trouve que douze pieds d'eau, et qui n'en est éloigné que d'une encâblure et demie. Tout le reste des environs est sain.

» L'île du milieu a quarante-un mètres de hauteur; sa forme est presque ronde; le petit canal, qui la sépare de l'île la plus à l'est, est profond et sans aucun danger. Celle-ci n'a pas un demi-mille dans sa plus grande dimension; elle est très-découpée, fort étroite en certains endroits. Elle a plusieurs sommets qui de loin ressemblent à autant d'îlots, et dont le plus élevé peut avoir quarante mètres.

» Ces îles offrent un mouillage assez sûr; il faut se placer au sud de celle du milieu, à une encâblure, par six ou sept brasses, ayant une amarre à terre et une ancre au large vers le sud-est. Le fond est très-bon.

» Sur la plus grande il y a beaucoup de figuiers de Barbarie. Les environs abondent en poissons et en coquillages. Les rochers qui sont exposés au nord sont couverts de moules d'une très-grosse espèce.

» Le canal qui sépare ces îles de la terre-ferme est

presque de deux milles ; on peut y louvoyer sans
crainte (1). »

CONCLUSIONS.

Mais le succès des entreprises que je propose
dépend en grande partie de la protection du gouvernement : la sanction qu'il donnera à ce projet et la part qu'il prendra à sa réussite, en stimu-
lant le zèle des marins, détermineront les armateurs disposés à engager leurs capitaux dans cette
nouvelle voie de spéculation. Sous une bonne direction, et la garantie de règlements tutélaires,
la pêche de la côte occidentale d'Afrique est susceptible d'un développement illimité. Une industrie
qui peut donner tant d'activité à notre marine
marchande réveillera sans doute la sollicitude du
ministère. C'est en faveur de cette industrie que

(1) Voy. *Description nautique des côtes de l'Algérie*, par
M. A. Bérard, capitaine de corvette, p. 184. Paris, 1837.

Voyez aussi la *Carte particulière des îles Zafarines*, levée en
1833, par M. A. Bérard. Dépôt de la marine, nᵒ 804.

Voyez Esquisses des côtes de la province d'Oran, depuis les
îles Zafarines jusqu'à l'îlot Colombi. — Plan des îles Zafarines
(1833). Dépôt de la marine, nᵒ 737.

je réclame son patronage ; ce sera en lui accordant les mêmes encouragements qui ont porté la pêche des mers du nord au rang des plus grands commerces , en lui concédant les mêmes primes et les mêmes franchises, qu'il pourra en assurer le succès et en garantir l'avenir.

La pêche n'exerce pas moins d'influence que l'agriculture dans le système politique et diététique des nations, par les entreprises qu'elle provoque et les intérêts qui s'y rattachent. Considérée comme l'agriculture des eaux, l'exploitation de la pêche donne des produits qui ne le cèdent en rien à ceux du sol ; car la mer s'ensemence d'elle-même, et, sans qu'elle ait rien reçu du pêcheur, elle lui offre libéralement et lui livre toutes ses richesses. Trois cents francs de froment coûtent souvent à obtenir plus de temps et de peine qu'il n'en faut pour pêcher trois mille francs de poissons. Ces vérités, si hautement proclamées par Noël de La Morinière, sont comme des axiomes. Il importe donc à la France d'accélérer le développement de son système de pêche sur le vaste champ qui lui est ouvert, et qu'une nation rivale vient de faire explorer probablement dans le même but. Les avantages que l'État doit retirer de cette entreprise sont immenses : du nombre des marins qui se dédieront à la pêche d'Afrique, résultera pour lui un accroissement de puissance par la force positive dont il pourra disposer au besoin ; le commerce recevra de nouveaux aliments et peut-être aussi une heureuse et utile direction vers des contrées qui lui ont été fermées jusqu'ici ; la masse des subsistances sera doublée, et la pêche, cette grande ressource des populations maritimes, portera ainsi la fortune publique au plus haut degré de prospérité.

APPENDICE.

APPENDICE.

I.

Premières entreprises des Isleños sur la côte occidentale d'Afrique.
représailles des Maures et tentative de Georges Glas.

Cette grande pêche que font les insulaires des Canaries sur la côte occidentale d'Afrique fut souvent inquiétée par les Maures, vers la fin du xvie siècle. Les populations mograbines tentèrent à plusieurs reprises d'éloigner de leurs frontières ces hardis brigantins dont les nombreux équipages les rendaient soupçonneux. Le souvenir des agressions qu'ils avaient souffertes justifiait leurs craintes et palliait en quelque sorte leurs avanies.

Dès le commencement du xve siècle, Béthencourt, déjà maître de Lancerotte et de Fortaventure, avait poussé ses excursions en Afrique, explorant la côte depuis le cap Cantin jusqu'au-delà du cap Blanc. Dans une seconde expédition, les historiens Bontier et le Verrier le font débarquer vers le cap Bojador et pénétrer dans l'intérieur du pays, d'où il revient ensuite aux Canaries chargé d'esclaves et de chameaux (1). Les seigneurs de Lan-

(1) « Et quand M. de Béthencourt eust esté une pièce de tems
» au pays, il print journée d'aller à la grand' Canare. Il ordonna
» que ce seroit le sixième jour d'octobre 1405. Et en icelle jour-
» née il fut prest pour y aller avec tous les nouveaux hommes qu'il
» avoit amenés et plusieurs autres, et se mirent en mer, et se par-
» tirent en trois galères, dont les deux estoient audit seigneur et
» l'autre estoit venue du royaume d'Espagne que le roi lui avoit
» envoyée. Fortune vint dessus la mer que les berges furent dé-
» partis, et vinrent tous trois près des terres sarrazines, bien près
» du port de Bugedor, et là descendit M. de Bethencourt et ses
» gens, et furent bien huict jours dans le pays, et prindrent hom-
» mes et femmes qu'ils emmenèrent avec eux, et plus de trois
» mille chameaux ; mais ils ne les purent recueillir au navire, et
» en tuèrent et jarèrent, et puis s'en retournèrent à la grand' Ca-
» nare, comme M. de Bethencourt l'avoit ordonné ; mais fortune
» les print en chemin, que des trois barges l'une arriva en Erba-
» nie (*Fortaventure*) et l'autre deuxiesme en l'île de Palme, et là
» demeurèrent jusqu'à tant que l'autre barge, là où estoit M. de
» Bethencourt, fust arrivée en fesant guerre à ceux du pays. »
Bont. et Verr., *Hist. de la première descou. et conqueste des
Canaries*, p. 172.

cerotte et de Fortaventure, héritiers de la conquête de l'aventurier normand, imitèrent son
exemple en se jetant avec audace dans la carrière
ouverte à leur ambition. Diégo de Herrera fit
construire, en 1476, le château de *Santa - Crux*
de Mar pequeña, sur l'extrême frontière du
royaume de Maroc.

Cette forteresse devint aussitôt le point de
ralliement de toutes les expéditions destinées
contre les Sarrasins : c'était de ce quartier
général que partaient ces croisades canariennes
dont on dissimulait le véritable but sous un pré-
texte religieux. La conversion des infidèles à la
foi chrétienne n'était qu'illusoire, et l'intérêt lucratif entrait en première ligne dans la masse des
avantages qu'on retirait de ces entreprises à main
armée. Enlever des esclaves, s'emparer de che-
vaux de bonne race, faire main-basse sur tous
les troupeaux et prêcher ensuite l'Évangile aux
mécréants, qu'on emmenait en captivité, telle est
l'histoire de ces invasions légalisées par les bulles
de Rome pour justifier le droit du plus fort. Le
pape Alexandre VI, en confirmant les prétentions
du roi de Castille sur l'antique héritage des Pela-

ges (1) , autorisa une guerre qui n'eut d'autres résultats que le pillage et l'extermination. Don Pedro Hernandez de Saavedra, seigneur de Fortaventure, et ses successeurs, se distinguèrent dans des attaques réitérées , que les *Adelantados* ou gouverneurs conquérants de Ténériffe continuèrent ensuite jusqu'en 1541 , toujours pour la plus grande gloire de Dieu et l'honneur de la chrétienté. Le père Abreu Galindo fait mention de 46 expéditions de ce genre. Don Diégo de Herrera , qu'on surnomma *le vieux* pour le distinguer de ses prédécesseurs, avait préludé à ces succès par la surprise de l'Adouar de Tagaost et la capture de cent cinquante-huit Maures. S'il faut en croire les historiens (2), Augustin de Herrera, petit-neveu de Don Diégo, exécuta quatorze descentes sur la côte d'Afrique, avec des troupes levées à ses frais, et montra dans toutes les rencontres un courage digne des temps chevaleresques. Athomar, un des principaux schérifs, ayant été vaincu dans un combat singulier par l'intrépide Canarien , acheta

(1) Bulle du pape Alexandre VI, expédiée le 23 février 1494. (Voy Viera, *Noticias de la hist. gen. de las Can.*, t. II, p. 175.)

(2) Viera, *op. cit.*, t. II, p. 177 et p. 420 et suiv.

sa liberté par la rançon de cinquante esclaves (1).
Don Augustin amena dans son domaine de Lancerotte plus de mille captifs. Ces Mauritaniens,
dont il avait composé sa garde, formaient alors
plusieurs compagnies connues sous le nom de
Berberiscos. L'île de Fortaventure eut aussi ses mi-
lices africaines; et, lorsque Philippe III lança contre les Maures de la Péninsule son décret d'expul-
sion, les îles Canaries furent exceptées de cette
mesure et conservèrent encore long-temps leurs
esclaves. Mais à cette époque la civilisation mar-
chait déjà vers le progrès; on avait mis fin à la
guerre d'outre-mer; les prouesses des Herrera,
des Lugo et des Saavedra n'étaient plus de mode,
les mœurs avaient changé, et l'esprit d'association, dirigeant les Isleños vers un autre but, était
venu remplacer l'humeur chevaleresque de leurs
aïeux.

Le gouvernement des îles, en se régularisant,
s'occupa plus directement des intérêts du pays,
et, dès le commencement de la découverte du Nouveau-Monde, on vit l'activité des Canariens se tour-

______

(1) Viera, *op. cit.*, t. II, p. 527.

ner vers des entreprises plus lucratives et moins périlleuses. Les échecs qu'ils avaient éprouvés en Afrique les dégoûtèrent d'une conquête que de nouvelles disgrâces rendirent bientôt impossible. Le château de *Santa-Crux de Mar pequeña*, attaqué plusieurs fois par des forces supérieures et long-temps défendu avec opiniâtreté, leur fut enlevé en 1524, par le roi de Fez, après un siége des plus meurtriers.

L'empereur Charles-Quint tenta vainement de ranimer l'ardeur des Isleños par des concessions et des franchises, mais les licences qu'il octroya pour armer contre les Maures ne produisirent aucun résultat (1). Les maisons seigneuriales de Lancerotte et de Fortaventure, en perdant une partie de leurs priviléges, ne purent plus entraîner à leur suite des vassaux devenus sujets du roi de Castille et dégagés d'un honteux servage. Aussi, à peine abandonna-t-on le poste avancé qu'on avait établi sur le continent, que les Maures, devenus

(1) Par decret du 5 août 1523, l'emperenr concédait au *cabildo* de Ténériffe le cinquième des prises faites sur les ennemis, et déclarait en outre que ceux qui passeraient en Afrique pour faire des prisonniers (*que salieren a cautivar Moros*), seraient exempts du droit de quint.

agresseurs, se vengèrent par de sanglantes représailles de toutes les invasions qu'ils avaient souffertes.

En 1569, une escadrille de neuf galères, portant sept étendards et six cents hommes de guerre,
vint attaquer Lancerotte. L'expédition débarqua
sans coup férir, mit le pays à feu et à sang, et
amena en esclavage plus de neuf cents Isleños (1).

Quatre ans après, une nouvelle tentative jeta
l'épouvante dans la grande Canarie.

En 1585, Lancerotte fut encore le théâtre d'une
invasion. L'Algérien Amourat, que les Espagnols
ont appelé *Morato el Reis*, sortit d'Alger avec trois
galiotes, et vint à Salé, où il réunit à son expédition trois brigantins de quatorze bancs, sur lesquels se trouvait un pilote *très-pratique de la mer
océane.* Il partit avec cette flottille, et, se dirigeant
sur les Canaries, il fut attaquer l'île de Lancerotte. Amourat comptait sous ses ordres quatre
cents Turcs et huit cents Barbaresques. S'il faut
en croire la relation de Viera, il se cacha d'a-
bord entre les rochers de la bande septentrionale

(1) Viera, *op. cit*, t. II. p. 182.

de l'île et mit pied à terre pendant la nuit, marchant à la tête de sa troupe vers Téguise, pour emporter sans coup-férir le château Guanapaya qui défendait la ville, et qu'il enleva d'assaut. Le gouverneur Don Diégo de Cabrera-Leme fut tué sur les remparts après avoir fait une courageuse résistance. Les Africains victorieux pénétrèrent alors dans la place, brûlèrent les principaux édifices publics et continuèrent le pillage pendant un mois. Cette campagne valut à Amourat environ trois cents esclaves (1), un immense butin et 15,000 ducats que le marquis de Lancerotte, qui était parvenu à s'échapper, lui paya pour la rançon de sa famille. Les malheureux habitants eurent à déplorer la perte de dix mille fanègues de blé, et les précieuses archives de la maison capitulaire devinrent la proie des flammes dans l'incendie de Téguise (2). Amourat ayant appris au retour de son expédition que Martin de Padilla, *Adelantado mayor* de Castille

(1) Viera ne fait mention que de deux cents captifs, tandis que d'autres historiens ont porté ce nombre à quatre cent soixante-dix-huit.

(2) Nuñez de la Peña, *Conquista y antiguedades de las islas del Canaria*, lib. iii, cap. 9, p. 492.

et général des galères d'Espagne, l'attendait au passage du détroit, le rusé pirate relâcha à Larache (*el Araysch*), où il passa un mois ; cependant, profitant un jour d'un grand vent du sud-ouest, il se lança de nuit dans le détroit qu'il franchit rapidement, et, au moment d'en sortir du côté d'orient, il tira plusieurs coups de canon, se riant ainsi de ses ennemis à qui il voulait rendre le service de ne plus croiser inutilement.

L'irruption des Barbaresques, en 1618, ne fut pas moins désastreuse : Lancerotte ayant été envahie de nouveau par des forces considérables, la plupart des habitants se réfugièrent à Fortaventure. Ceux de la partie septentrionale de l'île, au nombre de neuf cents, qui s'étaient tenus cachés dans la caverne de *los Verdes*, pour se soustraire à la fureur des ennemis, furent découverts par la trahison d'un des leurs et conduits en esclavage (1).

Pendant près de deux siècles, les Maures vinrent désoler le pays à plusieurs reprises. Les îles de **Canaria**, de **Fortaventura**, de **Gomere** et de

_____

(1) Viera, *op. cit.*, t. ii, p. 185.

16.

la Palme éprouvèrent successivement leur ven-
geance (1).

Durant cette guerre de piraterie, les pêcheurs
isleños eurent aussi à se défendre contre les cor-
saires barbaresques : bien des fois la brusque apparition des croiseurs de Maroc vint troubler leurs
travaux et les obligea d'abandonner leurs parages accoutumés. Plusieurs brigantins canariens
soutinrent de vifs engagements avec des galères
de Fez, et furent contraints de céder devant
des équipages bien armés et toujours supérieurs
en nombre.

Les îles Canaries, ruinées par un ennemi im-
placable, dont l'impunité semblait chaque jour
accroître l'audace, voyaient leur avenir compro-
mis. La pêche avait perdu toute son activité, et
le pays allait être privé de sa principale ressource.
Dans des conjonctures aussi graves, le conseil de
la province avait demandé à la métropole une fré-
gate garde-côte pour la protection de ses pêcheries. En 1698, le roi d'Espagne, sollicité de nouveau par le gouverneur-général, rendit l'ordon-

____

(1) Castill., mss., lib. III.

nance si long-temps désirée, mais le royal décret ne changea rien à l'état des choses. Il autorisait seulement les îles Canaries à maintenir pour leur compte un bâtiment de guerre qu'elles devaient équiper à leurs frais. C'était exiger l'impossible : le trésor public ne put jamais fournir les fonds nécessaires à cet armement. Enfin, la paix conclue entre S. M. catholique et l'empereur de Maroc vint mettre un terme à ces calamités, et les prétentions de la couronne de Castille sur l'ancienne Mauritanie se réduisirent au droit de pêche exercé par les Canariens le long de la côte adjacente. Dès lors les pêcheurs cessèrent d'être inquiétés et purent exploiter librement les inmenses ressources d'une mer poissonneuse, depuis le cap de Noun jusqu'au cap de Barbas.

En 1764, George Glas, qui avait su apprécier tout le parti qu'on pouvait tirer d'un établissement situé dans ces parages, tenta d'exécuter un projet que la jalousie de l'Espagne fit échouer presque aussitôt, malgré la protection que le ministère anglais paraissait accorder au chef de l'entreprise. Il s'agissait de créer un comptoir au port de Guéder, sur les ruines du château de

Mar pequeña. Après avoir exploré les lieux et s'être mis en rapport avec trois Maures influents, *Salem ben Yathsoun*, *Yahia ben Hammed*, *Muzha ben Mahmud*, qui devaient diriger les opérations en qualité de facteurs, Glas passa à Lancerotte dans l'intention d'y acheter un brigantin propre à la navigation de la côte. Mais l'ambassadeur d'Espagne à Londres, instruit de cette affaire, en avait donné avis à la cour de Madrid. Le gouverneur des îles Canaries reçut l'ordre de surveiller toutes les démarches de l'aventurier écossais et de sévir contre lui. Arrêté à son début comme spoliateur des deniers de l'État (*defraudador de la real hacienda*), Glas paya par une dure captivité sa téméraire entreprise. Après un an de détention dans le château de Saint-Christophe, à Sainte-Croix de Ténériffe, il fut réclamé par le gouvernement anglais, et n'obtint sa liberté que pour périr, quelques semaines plus tard, victime d'une affreuse catastrophe.

L'établissement de Guéder avait été bientôt abandonné après le départ du chef pour Lancerotte. Les Maures, toujours soupçonneux, profitèrent d'une rixe pour massacrer les Anglais qui étaient venus fonder la nouvelle colonie. La femme et la fille de Glas, aidées d'un serviteur fidèle et de quelques matelots, parvinrent à s'échapper dans deux chaloupes et se réfugièrent aux Canaries. A la sortie de sa prison, Glas rejoignit sa famille et s'embarqua pour Londres à bord d'un bâtiment richement chargé qui fit voile du port de l'Orotava; mais, pendant la traversée, les gens de l'équipage formèrent le complot de s'emparer de la cargaison et d'égorger tous ceux qui pouvaient s'opposer à leur dessein. L'intrépide aventurier reçut la mort au moment qu'il s'apprêtait à venger celle du capitaine; son épouse et sa fille furent jetées à la mer, et le navire arriva en Irlande, où un jeune mousse, que les matelots avaient épargné, révéla à la justice du pays cet horrible attentat (1).

Telle fut la fin déplorable de cet homme qui, par ses connaissances nautiques, son esprit observateur et une expérience acquise par de longs voyages, réunissait toutes les qualités nécessaires à la direction des grandes entreprises.

(1) Viera, *op. cit.*, t. II, p. 191 et suiv.

Aujourd'hui les Isleños ne verraient plus avec ombrage, comme au temps de Glas, une nation étrangère venir s'installer dans le voisinage de leurs pêcheries. La métropole, qui leur a laissé enlever la position qu'ils avaient conquise en Afrique, ne saurait revendiquer des droits qu'elle a perdus, et le gouvernement des îles, qui comprend mieux les intérêts du pays, s'empresserait d'ouvrir ses ports à nos armateurs. Quant à l'empereur de Maroc, il n'a plus de marine à opposer aux entreprises qu'on tenterait le long d'une côte où il n'exerce aucune autorité. Sa puissance et son pouvoir ne s'étendent pas au-delà du cap de Noun, et les besoins réciproques, les avantages du trafic et des débouchés pour les marchandises des caravanes, assureraient la bonne intelligence avec les populations du littoral. Soit que la France voulût occuper encore son ancien établissement d'Arguin, ou bien qu'elle en fondât un nouveau aux embouchures des rivières de Noun et de la Schilma, au Rio de Oro ou ailleurs, ce point pourrait devenir d'une grande importance sous le double rapport de la pêche maritime et du commerce intérieur. Mais des considérations politiques, qu'on comprendra facilement sans qu'il soit nécessaire de les développer ici, me semblent devoir faire accorder la préférence à un poste militaire situé au port de Guéder ou dans ce voisinage. Ce poste, dans les circonstances actuelles, serait d'un intérêt majeur : placé sur l'extrême frontière du *Moghreb-el-Acsâ*, il pourrait entretenir une surveillance opportune sur les menées du gouvernement de Maroc, qui ne voit pas sans jalousie le développement progressif de notre domination en Afrique, et dont les protestations astucieuses et les traités, presque aussitôt violés que consentis, ne sauraient garantir la prétendue neutralité.

II.

De l'économie de la pêche et des moyens de préparation en usage chez les anciens et au moyen-âge pour la conservation du poisson salé, sec ou mariné.

Envisager la pêche sous le rapport de ses produits, indiquer les préparations auxquelles on peut les soumettre et faire entrevoir les avantages que le commerce pourrait en retirer, tel est le but que je me propose dans ce dernier article.

Les moyens que l'on emploie maintenant pour s'emparer du poisson, bien que très-variés, ne sont pas le fruit de cette marche progressive de l'industrie, qui produit chaque jour des résultats si étonnants. L'expérience des pêcheurs et le perfectionnement des arts industriels ont amené sans doute quelques améliorations utiles dans certains instruments de pêche, mais en général les moyens employés sont restés à peu près les mêmes. Attirer les poissons par des appâts et les retenir par des crochets que cachent ces trompeuses amorces, les cerner ou les enlacer dans des filets, sont autant de vieilles ruses dont l'origine se perd dans la nuit des temps. Homère, dans son *Odyssée* (1), parle de la pêche au hameçon et de celle au filet : il compare les amants de Pénélope expirants aux poissons qui palpitent en tas sur le rivage où les pêcheurs viennent de vider leurs rets. Hésiode place sur le bouclier d'Hercule un pêcheur attentif, prêt à jeter ses filets sur des poissons que poursuit un dauphin (2).

Les anciens connurent bien mieux que nous tout ce que l'intelligence consommée de l'art de la pêche pouvait offrir d'heureuses ressources. Sous les Grecs, l'art de la pêche devint une industrie des plus lucratives et des plus générales; on fit dans les lieux favorables de grands établissements de salaison qui se transformèrent en villes opulentes : Byzance et Synope fleurirent surtout par cette cause; et ce fut l'abondance des poissons qui valut au port de Byzance le nom de *Corne dorée*. Les particuliers faisaient à ce commerce des fortunes rapides, et les anciens comiques se sont

(1) Liv. xxii, v. 384. Dans un autre passage il se sert d'une comparaison analogue au sujet des six compagnons d'Ulysse que Scylla vient d'emporter dans son gouffre ténébreux.

(2) Ασπὶς Ἡρακλέως , 219.

moqués plusieurs fois d'un marchand de saline,
nommé Cherephile, devenu citoyen d'Athènes, et
dont le fils dépensait en débauches la fortune que
ce père laborieux avait amassée (1).

Plus de quatre cents noms de poissons connus
des Grecs sont parvenus jusqu'à nous : « Cette
» abondance de mots, a dit Buffon, cette richesse
» d'expressions nettes et précises ne supposent-
» elles pas la même abondance d'idées et de con-
» naissances? Ne voit-on pas que ces gens qui
» avaient nommé beaucoup plus de choses que
» nous, en connaissaient par conséquent beau-
» coup plus. » Tout ce qu'Aristophane et les autres poètes comiques nous disent sur la diététique
des Grecs prouve que le poisson frais et salé fut
à cette époque un article de commerce très-im-
portant. Athénée cite environ deux cents passages
d'auteurs et d'ouvrages, aujourd'hui perdus, où
il était question de différentes préparations culi-
naires et conservatrices. Xénocrate, Eschyle et
Sophocle n'ont pas dédaigné de parler des assaisonnements, et Archestrate, qui guida Épicure

______

(1) *Voy.* Cuvier, *Hist. nat. des poissons*, t. 1, p. 10.

dans la recherche de la sensualité, dut en décrire un grand nombre dans son poème de la *Diepnologie*, précieuse opsopée dont les gastronomes modernes déplorent encore la perte. On avait poussé si loin à Athènes la prédilection pour les productions de la mer que, par une loi de police, il était prescrit d'appeler sur-le-champ les acheteurs au bruit de cylindres d'airain pour que chacun pût se procurer du poisson frais, au moment où il était apporté au marché. On assure même que, pour obliger les marchands à le vendre plus vite, il leur était enjoint de se tenir debout.

Lorsqu'on lit avec attention tout ce que Noël de la Morinière a écrit sur l'art de la pêche sous la période grecque, on reste convaincu que les anciens furent nos maîtres dans cette grande industrie maritime, bien que nos moyens d'action soient aujourd'hui plus puissants et plus expéditifs. Pour preuve de mon argument, je résumerai ici dans une courte analyse les renseignements que me fournit l'érudition de mon auteur.

« A cette époque fatale aux mœurs de la Grèce, où le luxe et l'amour de la table trouvèrent dans l'extension de la pêche tant de moyens de se satisfaire, il se fit une grande révolution dans le commerce et la navigation. La pêche contribua éminemment à en accroître les avantages, à mesure qu'elle en multipliait les matières.

» Le poisson salé était devenu l'objet d'un commerce immense avant même le règne d'Alexandre, et dans les derniers siècles de la liberté de la Grèce. C'est une vérité attestée par tous les historiens. La pêche avait puissamment secondé l'accroissement politique des deux principales républiques de cette belle contrée, celles d'Athènes et de Sparte, en leur fournissant des hommes nécessaires à l'équipement de leurs flottes. Elles sentirent tout le prix de l'exploitation de cette grande industrie. Les pêcheries du Pont-Euxin et du Palus-Méotides devinrent pour elles ce que, dans une circonstance semblable, furent depuis le banc de Terre-Neuve pour les peuples maritimes de l'Europe occidentale, durant les deux siècles qui suivirent sa découverte. Les Grecs estimaient en négociants les produits de la pêche : le poisson sec ou salé, l'huile, la colle, etc., consommés par la classe du peuple, l'emportaient, pour l'utilité générale des métropoles[1], sur les aromates et les épiceries destinés à la consommation du riche. Aussi, on les vit se livrer à la pêche avec ardeur; ils y employèrent des milliers d'esclaves et les accoutumèrent à la profession de pêcheurs et d'hommes de mer.

» Les Grecs ne se bornèrent pas à la pêche de certaines espèces plus particulièrement estimées; leurs spéculations embrassaient toutes celles qui nageaient en grande troupe, et qu'il fallait aller chercher au loin sur les côtes des différentes colonies qu'ils avaient fondées dans l'intérêt de leur commerce. Mais un régime introduit par la violence et maintenu par l'oppression tendait à relâcher les rapports qui unissaient ces colonies avec les métropoles, et quand la puissance romaine commença à prévaloir, la pêche, le commerce et tous les avantages que la Grèce retirait des contrées soumises à sa domination, passèrent au pouvoir des vainqueurs (1). »

Ainsi, les Romains, devenus les maîtres du monde, continuèrent à leur profit le système de pêche organisé par leurs devanciers, et cette

(1) Voy. *Hist. génér. des pêches*, ch. III et IV.

grande industrie prit bientôt sous leur direction une impulsion nouvelle. Le besoin d'équiper des flottes nombreuses, surtout depuis les guerres puniques jusqu'à celle qui décida du sort de Rome, quand la fortune de César l'emporta sur les destinées de Pompée, avait rendu la pêche doublement nécessaire. « Les équipages des galères romaines, observe La Morinière, étaient, à la vérité, plutôt composés de rameurs que de marins proprement dits ; mais ces derniers n'en étaient pas moins recherchés, parce qu'ils étaient plus familiarisés avec l'élément sur lequel il fallait combattre. »

La protection que les Romains accordèrent à la pêche avança beaucoup ses progrès ; mais, parmi les causes qui la mirent le plus en faveur, il ne faut pas oublier la loi *Licinia*, par laquelle il était prescrit de ne manger, en certains jours de l'année, que du poisson salé et de la viande sèche ; puis la fête des pêcheurs qu'on célébrait en grande pompe le III des nones de juin.

Lorsque de nouvelles conquêtes eurent accumulé les richesses dans la ville de Romulus, les heureux dominateurs, blasés sur toutes les jouissances, ne mirent plus de frein à leurs passions, et voulurent acheter les plaisirs à tout prix. Ce fut alors que prirent naissance ces viviers fameux, dont Varron et Columelle nous ont laissé des descriptions si curieuses. Licinius Murœna fut le premier qui en fit construire sur les bords de la mer, afin de les alimenter avec l'eau salée. Les Philippus, les Hortensius et les plus riches patriciens suivirent cet exemple. Plusieurs de ces réservoirs avaient des formes monumentales; chaque espèce de poisson y avait son compartiment: on y élevait des turbots et des soles, des dorades, des sciènes et toutes sortes de coquillages; mais le plus grand nombre était plus particulièrement destiné à renfermer des murènes, qu'on faisait venir à grands frais de tous les points de la Méditerranée. Lucullus, ce fastueux Romain que Pompée appelait le *Xerxès en toge*, fit couper une montagne dans les environs de Naples, pour ouvrir un canal et faire remonter la mer et les poissons jusqu'au milieu de ses jardins. Chacun voulut se distinguer par ses extravagances, l'amour des poissons fut poussé à son comble; on se passionna pour les murènes : l'orateur Hortensius pleura la mort de celle qu'il avait nourrie de sa main, et la fille de

Drusus orna les siennes avec des anneaux d'or. L'industrie excitée par le luxe opère presque des prodiges : on apprivoisa les poissons et on les vit même accourir à la voix du maître.

C'était dans ces viviers que les conquérants du monde pêchaient, pour ainsi dire, au plat. Hirrius, qui se rendit célèbre par ses dépenses, donna, dit-on, un repas à César dans lequel il fit servir six mille murènes prises dans ses étangs. Mais à ces prodigalités déjà si condamnables et qui approchaient de la folie, vinrent se joindre des actes de la cruauté la plus féroce. Nous serions peut-être tenté de révoquer en doute le témoignage de l'histoire, si le vertueux Sénèque n'avait confirmé dans ses écrits l'action atroce de Pollion, qui fit jeter ses esclaves dans ses viviers pour engraisser les murènes.

Mais hâtons-nous de passer ces tristes pages, pour arriver aux notions intéressantes que nous ont transmises Elien et Oppien sur la pêche de cette époque de gloire et de honte. Elle se faisait, comme chez les Grecs, le long du rivage ou en pleine mer ; les compagnies de pêcheurs entreprenaient même de longs voyages, et avaient établi des pêcheries jusqu'au-delà des colonnes d'Hercule, pour approvisionner la capitale du monde. Les instruments que l'on employait étaient le harpon, la ligne (1), le filet et la nasse; ainsi, à cet égard, on voit que nous n'avons fait qu'imiter. La connaissance des différentes dispositions de l'air favorables à la pêche n'était pas moins appréciée par les pêcheurs d'alors que par ceux d'aujourd'hui. Ils savaient profiter des heures du jour et de la nuit les plus propices, soit avant le lever, soit après le coucher du soleil et de la lune.

(1) « On composait les lignes avec du fil de crin, simple, double ou tors : les crins de cheval étaient préférés à ceux de jument. On en formait aussi avec des soies de sanglier ; les noires n'étaient pas aussi estimées que les blanches. Suivant Élien on les teignait de diverses couleurs. La verge ou canne qui supportait la ligne était choisie et appropriée à la pesanteur présumée du poisson qu'on voulait prendre, et à la résistance qu'il pouvait opposer. Les hameçons étaient de cuivre ou de fer étamé, simples ou à plusieurs branches, et de grosseurs différentes...

» Lorsqu'on se proposait de pêcher des poissons pourvus de dents assez fortes pour couper la ligne, on ajustait au-dessus de l'haim une emboîture de corne ou de toute autre matière dure, telle que le cuivre; on la garnissait même d'une chaîne de fer, quand on voulait prendre des requins ou autres poissons semblables. On trouve à cet égard beaucoup de détails dans les ouvrages des anciens. Les appâts dont on usait pour la pêche des gros poissons étaient nécessairement choisis dans le rapport de leur appétit. »

NOEL, *Hist. gén. des pêches*, p. 188 et 189.

17.

Ils mettaient un soin particulier dans le choix des
amorces pour la pêche à la ligne. Quand ces appâts étaient naturels, ils consistaient en petits
poissons, en larves (vers ou insectes), quelquefois en poumons, en foie de porc et de chèvre;
on y employait aussi les pourpres et les polypes,
ou bien encore on se servait d'intestins d'animaux saturés d'extraits de myrte ou d'autres
plantes aromatiques. Oppien, puis après lui Cas-
sianus Bassus et d'autres écrivains du Bas-Empire
ont décrit un grand nombre de recettes d'appâts,
dont les pêcheurs faisaient usage. La variété de
ces compositions était fondée sur la différence des
appétits des poissons. C'était d'après ces principes
qu'on pêchait la dorade avec le mendole, et l'espadon avec le muge. « Le lycostome (1), dit Oppien, était un des meilleurs appâts pour la pêche
des sargues : dès qu'on leur avait lâché une certaine quantité de cette amorce, ils se pressaient
en foule pour se disputer la proie, et les pêcheurs
attentifs profitaient de cet instant pour décrire autour d'eux une enceinte de filets où ces poissons
laissaient la liberté et la vie. »

(1) Espèce de *Clupée*.

Les Romains eurent aussi recours aux amorces factices, et l'art d'imiter les mouches avec des plumes d'oiseaux n'a peut-être jamais été poussé si loin de nos jours, même en Angleterre. La pêche au flambeau, pendant la nuit, pour attirer le poisson à l'éclat de la lumière, n'était pas non plus négligée : il en est question dans les auteurs du temps.

La pêche au filet avait aussi ses méthodes particulières que nous n'avons imitées qu'en partie. Le chanvre, le lin et le sparte étaient employés tour à tour dans la fabrication de ces rets, qu'on soumettait à différents tannages pour les rendre plus durables. Les pêcheurs les tendaient le long des rivages ou dans la haute mer. Les *courantilles volantes*, imitées des Grecs, leur servaient à cerner les grandes bandes de poissons de passage, et les *tonnares* ou *madragues* les arrêtaient dans leur marche. Ces dernières avaient de grandes dimensions : elles étaient en sparterie et placées à demeure vers les bouches du Bosphore, le long des côtes de l'Italie, de la Sicile et de la Sardaigne, dans la mer Ligurienne et le golfe de Naples, près du détroit de Messine et de Bonifacio, à l'en trée de l'Adriatique, vers le détroit de Gadès et dans les stations poissonneuses de la côte d'Espagne et de la Gaule narbonnaise. Strabon mentionne plus particulièrement les madragues de l'ile d'Elbe.

Sous Rome impériale, les plus riches patriciens s'étaient adonnés à la pêche. Les Césars eux-mêmes ne dédaignèrent pas cette distraction : Auguste en avait fait ses délices; elle fut un délassement pour Antonin et pour Commode. Antoine et Cléopâtre s'étaient donné le plaisir de la pêche dans le Nil; et le Tibre vit Néron en faire l'amusement de ses premières années. Ce prince se servait de filets d'or, dont les cordages étaient teints en pourpre (1). D'Aquino, dans son poème, a décrit cette pêche qui plaisait tant au jeune empereur (2).

Toutefois les Romains ne s'en tinrent pas seule-

----

(1) » Piscatus est rete aurato, purpureo coccoque funibus textis. » Suetonius, ix, 30.

(2) Hanc olim Augustam vitam coluisse Neronem
Fama refert, Latiis quod protulit edita fastis.
Tybridis in gremio, pretioso condita filo,
Retia mittebat, radiis qui staminis aurei
Squamosum allicuit genus ; et, sua funera quærens.
Fulgentes ultro laqueos cassemque subibat.
      T. N. d'Aquino, *Deliciæ tarentinæ*, 11, 177.

ment à la pêche vulgaire, ils osèrent aussi attaquer les animaux marins les plus redoutables, et
les baleines, qui, à cette époque, pénétraient dans
la Méditerranée, devinrent la proie des pêcheurs.

D'après les renseignements d'Oppien, cette pêche, bien qu'accidentelle, ressemblait beaucoup
à celle que font nos baleiniers. La ligne que l'animal devait entraîner en plongeant, était garnie de
grandes outres remplies d'air, à la manière des
kamtschadales. La description d'Oppien est remarquable par ses détails, et semble pleine de vérité. « Au moment de l'attaque, dit-il, le monstre
» s'enfonce dans les profondeurs de la mer, et les
» pêcheurs attendent avec anxiété l'instant de
» son retour. Des barques légères sillonnent la
» crête des vagues, et se portent rapidement vers
» le champ de bataille, où doit s'engager une
» lutte dont le succès va fixer tous les regards.
» On s'excite, on s'encourage au combat; un
» bruit confus règne sur la mer; on dirait qu'il
» s'agit d'une action générale; tous se dirigent
» vers le même point. Armés de lances garnies
» d'un double fer, ils attaquent de nouveau la ba-
» leine; son sang ruisselle de tout côté, et la mer

» en est teinte jusqu'à une grande distance. Ce-
» pendant l'animal, semblable à un vaisseau qui
» brave la foudre, n'en fait pas moins tête à l'o-
» rage : d'un seul mouvement de sa queue, il
» écarte les barques dont il est entouré, et paraît
» braver tous les efforts des assaillants... Le mo-
» ment décisif est arrivé; la baleine, blessée mor-
» tellement, inonde encore ses ennemis d'un dé-
» luge d'eau; mais rien ne peut plus ralentir leur
» ardeur... le monstre succombe et reste immo-
» bile comme un vaisseau pris dans un combat.
» Alors les vainqueurs l'amènent à terre en pous-
» sant mille cris de joie (1). »

Certes nos baleiniers ne montrent pas plus de courage, et les annales de nos pêches ne nous donnent pas de meilleures descriptions.

Mais ce fut surtout dans l'art de saler le poisson, que les Romains se distinguèrent sur tous les peuples. Cet art, qui se perfectionna sous les empereurs, s'étendit à un très-grand nombre d'espèces. Toutefois, par la dénomination générale de *poissons salés*, il faut entendre non-seulement

____

(1) ΟΠΠΙΑΝΟΣ, Ἀλιευτικῶν. V, 114.

les poissons préparés avec le sel, mais encore tous ceux qui étaient marinés avec des graines ou des herbes aromatiques. Ainsi, d'après les savantes recherches de Noël de La Morinière, il y avait des salines *crues* et des salines *cuites*, et dans plusieurs de ces dernières le poisson n'était préparé qu'avec des aromates précieux. « Il serait en effet difficile d'admettre, ajoute Noël, que les sybarites de Rome, qui faisaient venir à grands frais de la Perse, de la Colchide, de l'Inde, les oiseaux et les poissons les plus rares, trouvaient dans le thon, la pélamide, le coracin et l'orphe salés, des aliments délicats, propres à satisfaire la sensualité dont ils faisaient profession. »

Cet art de conserver le poisson, en le préparant de différentes manières, avait fait de rapides progrès. On s'était appliqué à rechercher toutes les espèces qui, en flattant le goût, pouvaient offrir de nouveaux aliments à la consommation générale, et entretenir ainsi un commerce actif entre les villes de l'Italie et les colonies maritimes. On salait alors le muge que nous dédaignons aujourd'hui, et ses œufs fournissaient une poutargue dont le peuple faisait grand cas. Le xiphias espadon, que nos pêcheurs ont cessé de poursuivre, était soumis à la même préparation, et le nom du promontoire *Xiphonion* (1), allusif à cette espèce, témoigne de la pêche abondante qui se faisait dans ses eaux (2).

Les gros poissons, séparés par tronçons, étaient soumis à des apprêts simples ou composés qu'on distinguait par des noms particuliers. La nomenclature des espèces le plus en crédit parmi les consommateurs, serait trop longue à énumérer; je me contente de citer les principales : *le Congre de Sinope, la Pelamide de Byzance, le Colias d'Espagne, la Squaline de Smyrne, le Thon de Gadès, l'Espadon de Sicile, le Mulle d'Exone, les Scares d'Éphèse, le Pagre d'Italie, les Anguilles de Strymon, les Coracins du Nil*, etc. Tous ces noms, consacrés aux poissons reconnus de qualité supérieure, étaient, pour les gourmets de ce temps-là, autant de titres de recommandation pour les villes ou les parages qui s'étaient acquis une ré-

____

(1) Près de Tauromenium et de l'embouchure du fleuve Acis. Voy. Goltzius, *Historia urbium et populorum Græciæ, ex antiquis nummis restituta*, 72.

(2) Voyez au catalogue les renseignements d'Athénée sur la pêche de l'espadon.

putation méritée dans l'art des préparations. Mais la plupart des espèces que je viens de nommer ont perdu de nos jours la faveur dont elles jouirent; le Coracin du Nil, par exemple, qu'Athénée avait décrit, et qu'il était dû au vénérable Geoffroi de Saint-Hilaire de nous faire mieux connaître, n'a plus de renommée que dans les livres des savants. Ainsi encore, le thon, que nous marinons simplement dans l'huile, mais que nous ne sommes plus dans l'usage de saler et de sécher, formait alors, dans ce dernier état, une branche de commerce considérable. Les Romains avaient appris des Grecs une manière de le conserver qui s'est perpétuée jusqu'à nos jours, avec certaines modifications, chez les Italiens et les Espagnols: c'est celle qu'on désigne sous le nom d'*Escabeche*, méthode culinaire qui consiste à faire frire le poisson dans l'huile avec du laurier, du sel et des épices, et à l'arroser ensuite avec du vinaigre bouillant. Cette méthode est particulièrement employée pour les espèces de la famille des scombres; mais elle est aussi applicable aux poissons blancs, tels que les pagres, les dorades et même les grandes percoïdes.

Les habitants de l'archipel de la Grèce furent les premiers qui s'adonnèrent à la préparation du thon. On salait ce scombre dans l'Eubée, à Samos, et plus spécialement sur les côtes d'Icarie, *la poissonneuse*. Les anciens noms de *Cetaria domitiana* (1) et de *Terra cetaria* (2), en indiquant les parages où les Romains avaient établi leurs tonnares, témoignent de l'importance qu'on attachait à la pêche de ce poisson.

Dans la mer tyrrhénienne, Tarente s'était acquis une grande réputation par ses salines et l'excellente qualité de thon qu'on exportait au loin. Le thon salé des côtes de Sicile, notamment celui de Cefalo, n'était pas moins renommé que celui de l'archipel et de Tarente ; Silius Italicus en fait mention :

Quæque procelloso Cephalœdias ora profundo
Cæruleis horret campis pascentia cete.

Sil. Ital., XIV, 232

L'antique Cetalriga, cette colonie phénicienne

(1) Près Orbitello et de Santo-Stefano, selon Targioni, *Relazioni d'alcuni viaggi*, IX, 313.

(2) *La Terra cetaria* s'étendait depuis Segeste jusqu'au cap appelé aujourd'hui Santo-Vito. Voy. Cluverius, *Sic. Antiq.* 11, c. 2, 270, et Fazello, *De rebus siculis*, VII, c. 5, 56.

située sur la côte de la Lusitanie méridionale, à l'embouchure de la Guadiana, conserva sous les Romains toute son ancienne importance, à cause de ses madragues et de la grande quantité de thons qu'on salait le long de ses plages aujourd'hui envahies par la mer.

Resende, dans ses *Antiquités du Portugal*, assure que de son temps on voyait encore les ruines des salines de Cetobriga (1). *Neocetobriga* la nouvelle ville qui s'éleva non loin de l'ancienne, et queles Portugais ont appelée *Setuval*, continua le commerce du thon salé qui avait enrichi la ville grecque. L'historien Castro confirme à cet égard le témoignage de Resende : « Cetobriga, dit-il,
» signifie cité de grands et nombreux poissons ;
» ce nom est dérivé de *Briga*, qui dans la langue
» des anciens Lusitaniens voulait dire ville ou for-
» teresse, et de *cete*, poisson grand (le thon).
» Barreiros est de cette opinion (*Chorograp.* 63);
» il affirme avoir vu sur l'emplacement de cette
» *Troie* (premier nom de Cetobriga), les vesti-
» ges des salines où l'on préparait le poisson, car

______

(1) « Cetaria... signino opere antiquitùs fabricata. » RESENDIUS, *Antiquitates Lusitaniæ*, 210.

» c'était là surtout qu'on en faisait une pêche
» abondante (1). »

Malaga dut aussi son opulence à la salaison du
thon, et cette industrie lui valut le nom qu'elle
porte, car *Malach* en langue punique exprimait
l'action de saler ou bien l'endroit des salines (2).
Plusieurs autres villes d'Espagne, situées près du
détroit de Gadès, se disputèrent la suprématie
dans ce genre de commerce. A Gadès, où le thon
était réputé le meilleur, on salait séparément les
parties cartilagineuses de la tête; mais celles
du ventre n'étaient pas moins recherchées. En
général, on préférait, suivant la prescription de
Galien (3), la chair salée de ce poisson à la chair
fraîche, parce que dans cet état elle est moins
compacte et de plus facile digestion.

(1) » Cetobriga, dit-il, significava cidade de muito e grande
» peixe; porque *Briga* na lingua dos antigos Lusitanos queria
» dizer cidade ou fortaleza, e *cete*, peixes grandes. Desta opiniaõ
» he Barreiros (Corograf. 63), o qual affirma que no seu tempo
» havia no sitio desta Troya vestigios de humas salgaderias, em-
» que curavaõ o peixe, por que se fazia aqui huma grande pes-
» caria delle; e que debaixo da agua se mostravaõ ainda ruinas
» de edificios. » CASTRO, *Mappa de Portugal antiquo e moder-
no*, 1, 17.

(2) ΓΑΛΗΝΟΣ, περὶ τροφῶν δυνάμεως, III, c. 31.

Sous la domination romaine, les côtes de la Bétique fournirent la plus grande partie du poisson salé qu'on exportait dans les différents marchés de l'empire ; et, si à ces grandes bandes de scombres qui affluaient vers ce littoral, on ajoute les spares, les holocentres, les scorpènes, les sciènes et ces congres monstrueux qui n'avaient pas leurs pareils en taille dans les mers d'Italie, si à cette foule de poissons susceptibles d'être marinés ou salés, quoiqu'on en ait perdu l'habitude, on joint encore les coryphènes et les bonites qu'on pêchait vers la partie occidentale du détroit, on pourra se faire une idée approximative de l'immense tribut que les pêcheries de la péninsule hispanique fournissaient alors au commerce des nations.

Une des pêches remarquables de cette époque fut aussi celle de la pélamide, qui avait enrichi sous les Grecs les colonies cariennes et milésiennes du Pont-Euxin. Ces poissons, dans leurs migrations périodiques, à leur sortie des Palus-Méotides, longeaient la côte d'Asie et devenaient la proie des pêcheurs de Trapézunte. De là, les pélamides, réunies à d'autres scombres, venaient

se livrer aux pêcheurs de Sinope, auxquels, suivant Strabon, cette pêche procurait des bénéfices
considérables. Amastris, Teium, Héraclée, situés
sur la même côte, en retiraient aussi d'immenses
profits. S'il faut en croire l'auteur de *l'Histoire
philosophique et politique des anciennes colonies de
la mer Noire* (1), il paraît que les principaux marchés étaient ceux de Sinope et de Galidon vers
l'Halys, fleuve célèbre aux embouchures duquel
on avait fondé les grandes salines. « Après avoir
» payé leur tribut à ces différentes villes, dit
» l'auteur qui me fournit ces renseignements,
» les pélamides se dirigeaient vers les côtes de
» Byzance, où les attendaient d'autres ennemis.
» Déjà au temps d'Aristote et de Strabon, la cap-
» ture la plus remarquable de ce poisson utile,
» avait lieu chaque année sous le cap de Byzance,
» qui était surnommé le *Promontoire d'or*, à cause
» des riches produits de cette pêche. Mais le ta-
» lisman qui rendait les pélamides plus particu-
» lièrement tributaires de Byzance que de Chal-
» cédoine, situé en face, était l'industrie des

(1) Forma Leoni, *Storia filosofica e politica delle colonie degli antichi nel mar Negro*, t, 164.

» pêcheurs de la première de ces deux localités,
» et la supériorité des préparations diverses qu'on
» y donnait à ces poissons ou à d'autres espèces de
» la même famille (1). »

Malgré la grande quantité de pélamides que l'on
salait sur les côtes de la Thrace, on en préparait
beaucoup aussi en Sardaigne, au rapport de Galien, et cette île seule pouvait fournir à la consommation de l'Italie. Ces pélamides n'étaient pas
moins estimées que celles d'Espagne ; on les préférait surtout à celles du Pont-Euxin. La préparation
qu'elles recevaient leur avait mérité une telle faveur, qu'on disait alors *une Sarde*, pour désigner
une pélamide excellente, comme en France on a
dit depuis un *Royan*, pour indiquer une sardine
de qualité supérieure. On marinait aussi ces poissons dans des saumures composées de diverses
substances qui recevaient différents noms, suivant
les mélanges.

Le *Colias*, que nous connaissons sous le nom
d'*Auriol*, et qu'on désigne en Espagne sous celui
de *Cavalla*, était une autre espèce de la famille des

(1) Noël de La Morinière, *op. cit.*, p. 68.

scomberoïdes dont on faisait des salaisons considérables. Les Grecs avaient été aussi les premiers
à le mettre en renom ; il était également recherché soit qu'il fût salé ou mariné, et Athénée en
a fait le plus grand éloge. Cette espèce, dont l'importance ne devait pas diminuer de sitôt, obtint
encore plus de faveur, lorsque les Romains eurent
conquis l'Espagne, et qu'ils apprirent à extraire
de ses intestins le fameux Garus des associés (*Garum sociorum*), auquel ils attachèrent un si grand
prix. Plusieurs écrivains ont décrit cette préparation dans laquelle les riches patriciens de Rome
faisaient mourir les rougets. Pline, l'encyclopédiste
de l'antiquité, prétend que l'espèce de saumure
appelée *Garus* ou *Garum* était le produit de la
macération des viscères de divers poissons, qu'on
laissait fermenter. « Autrefois, dit-il, les Grecs
» composaient le garus avec le poisson qui porte
» ce nom ; maintenant le plus estimé nous vient
» des tonnares (*Cetaria*), de la Carthage d'Espa-
» gne, qui fournit le sparte ; c'est celui qui est ap-
» pelé *Garus des associés* : on s'en procure à peine
» deux conges pour un millier de pièces de mon-
» naie. Aucune liqueur, si l'on excepte les par-

» fums, ne se vend à si haut prix, et n'est autant
» recherchée par les riches et par le peuple. Les
» pêcheurs de la Mauritanie, de la Bétique et de
» Carteia, le composent avec des scombres qui
» sont pris à leur arrivée de l'Océan, et qui ne sont
» propres qu'à cet usage. On vante le garus de
» Clazomènes, celui de Pompeï, de Leptis. La
» saumure d'Antipolis, celle de Thurium et de la
» côte de Dalmatie, ne sont pas moins recomman-
» dables (1). »

Isidore s'exprime à peu près dans les mêmes
termes : « Le garus, dit-il, est une liqueur extraite
» d'un poisson salé; elle conserve toujours le
» même nom, quoiqu'on la compose avec beau-
» coup d'espèces différentes (2). »

Le garus des associés tenait à peu près lieu, à
cette époque, du *Fish sauce* des Anglais; il était
préparé par une compagnie de pêcheurs de scombres, qui dans la hiérarchie commerciale devait
être aussi haut placée que les MAATJES HARINGEN
de notre époque. Mais outre le fameux garus,
dont il est ici question, les Romains en faisaient

(1) Plin., *Hist. Nat.*, XXXI, 8.
(2) Isid., *Origin.*, XX, 3.

d'autres, d'après les recettes d'Athénée ; ils en composaient aussi avec les intestins du lycostome, espèce de clupée assez semblable à l'anchois, et c'est probablement cette même saumure qu'on sait encore si bien confectionner à Antibes, quoique le poète Martial n'ait parlé que de celle du thon :

> Antipolitani, fateor, sum filia Thynni :
>   Essem si scombri, non tibi missa forem.
>
> Mart., *Epigr.* XII, 103.

Une autre préparation, appelée *Isicia*, était en grande faveur sous l'empereur Héliogabale et servait à la conservation du poisson (1). Enfin, pour terminer cet exposé monographique des garus et de leurs analogues, rappelons que le gourmet Apicius proposa un prix à celui qui inventerait une nouvelle saumure avec le foie de mulle ; mais le nom du vainqueur est resté ignoré : « *Id enim est facilius dixisse quàm quis vicerit,* » dit Pline.

Ajoutons encore que les Grecs avaient préparé la chair du congre avec du sel et de l'origan, qu'ils avaient enseigné à mariner la dorade, à

(1) « Primus fecit de piscibus Isicia. » Lamprid. *in Heliogabalo.*

conserver les scares dans la saumure de picarel.
Les Romains, toutefois, l'emportèrent sur les
Grecs pour le luxe des assaisonnements et dans
ces compositions recherchées qui donnaient plus
de prix aux poissons rares qu'on faisait venir à
grands frais des contrées lointaines.

Cet aperçu sommaire peut donner une idée de
ce que fut la pêche et l'art des préparations salines, oléagineuses ou aromatiques sous la période
romaine. Mais, à la division de l'empire, l'étonnante prospérité qui avait signalé la plus belle
phase de cette grande industrie fut remplacée par
une ère de disgrâce, dont il était dû à une plume
savante de nous retracer le tableau :

« Alors la pêche et le commerce du poisson
frais et salé éprouvèrent un grand préjudice et
déclinèrent sensiblement. Cette calamité ne fit
que s'accroître, à mesure que les nations du
nord de l'Europe et de l'Asie envahirent, de proche en proche, le territoire des deux empires, et
amenèrent la chute de cette puissance colossale
devant laquelle tout avait plié pendant plusieurs
siècles.

» La conquête de tant de provinces qui reçoivent la loi des barbares rompt bientôt toutes les relations de commerce, après avoir détruit l'industrie et les arts qui les alimentent : aussi voyons-nous s'anéantir la plus remarquable des pêches de la Méditerranée, celle du thon, pour ne se rétablir que long-temps après. Il n'est plus question, dans l'histoire du Bas-Empire, de ces poissons rares que rassemblait le luxe des grands, et qui faisaient l'ornement et les délices des tables somptueuses des riches; les viviers, qui dévoraient les fortunes patriciennes, sont abandonnés ou comblés; les temps de la prodigalité sont passés, les rêves de la folie sont évanouis; le peuple même peut à peine se procurer les poissons les plus communs, pour satisfaire aux abstinences religieuses : la pêche n'est plus exploitée que par les misérables habitants des côtes, que leur pauvreté seule met à l'abri du pillage de l'ennemi, et qui n'obtiennent leur sauvegarde que de l'obscurité de leur profession; ou si elle conserve quelque ombre de liberté dans son exercice, elle ne la trouve que dans les lagunes de Commachio, de Venise, au milieu des étangs de Narbonne, en plaçant entre elle et la cupidité des barbares de vastes marais qui lui tiennent lieu de remparts (1). »

Ainsi l'invasion des barbares anéantit cette industrie qu'on avait poussée si loin sous les empereurs; mais les Slaves, qui depuis long-temps sacrifiaient à leur dieu *Pœrdoty*, le protecteur des marins, et à *Curch*, auquel on offrait les prémices des eaux, transmirent leur goût pour la pêche aux peuples du Nord. Le culte qu'on rendait à ces divinités dans l'île de Rugen ne fut aboli qu'en 1249. On sait, d'après les traditions des pêcheurs scandinaves et quelques passages des *Odes de l'Edda*, que les Slaves furent les premiers qui s'adonnèrent à la pêche du hareng dans l'Océan septentrional et jusque vers les régions glaciales, bien que le plus ancien titre qui fasse mention de cette pêche ne date que de l'an 709. C'est vers cette époque que l'histoire du moyen-âge nous fournit les premiers renseignements sur la pêche des phoques par les Norwégiens et les Écossais. Plus de trois siècles auparavant, les Basques allaient pêcher la baleine à la hauteur du cap Finistère et la pourchassèrent ensuite jusqu'à l'embouchure du fleuve Saint-Laurent.

(1) Noël de La Morinière, *op. cit.*, p. 196.

Plus tard, dans le treizième siècle, quelques populations de la basse Allemagne se livrèrent à la pêche des grands cétacés qu'Albert-le-Grand et Vincent de Beauvais ont décrite dans tous ses détails (1). Ordinairement l'animal était harponné ; mais Albert parle d'une seconde manière de s'emparer de la baleine, et qui consistait à lui lancer de loin un dard au moyen d'une forte baliste (2). Ainsi les Anglais, qui crurent avoir inventé en 1731 le procédé de tuer l'animal en lançant le harpon comme un projectile, au moyen de la poudre (3), ne firent qu'imiter, sauf la différence de la puissance motrice, ce qui se pratiquait déjà plus de quatre siècles auparavant. Encore le procédé, dont il est question dans l'ouvrage d'Albert, avait-il sur l'innovation anglaise l'avantage de lancer le dard avec la corde, comme le harpon qu'on tient à la main.

Lorsqu'on fouille dans les anciennes archives,

(1) ALBERTUS MAGNUS, *De animalibus*, 651.
VISCENTIUS, *Speculum universale*, I, 1272.
(2) « . . . Alius autem modus idem est cum isto, nisi quòd speculum non verbere, sed ictu fortissimæ balistæ, sibi (ceto) infigitur. » ALBERTUS MAGNUS, *De animalibus*, 651.
(3) Cette découverte fut reproduite en 1772. Voy. Anderson, *History and chronol. deduct. of the origin of commerce*, II, 333.

et qu'on relit les chartes du temps, on reconnaît qu'au moyen-âge la pêche avait repris son rang parmi les grandes industries qui font la prospérité des nations. Vers le commencement du douzième siècle, quand Sigurd, *le Croisé*, retourna en **Norwége**, et demanda à son frère Eystein ce qu'il avait fait de plus remarquable durant son administration, ce prince lui répondit : « *J'ai fondé un établissement pour les pêcheurs sur la côte de Vaugen, et la postérité dira qu'il a existé un roi scandinave qui portait le nom d'Eystein.* » Ainsi le frère de Sigurd mettait au nombre des actes les plus honorables de son règne le service qu'il avait rendu à la classe la plus utile et en même temps la plus laborieuse.

En 1290, on salait l'esturgeon qu'on vendait en baril. Il est question de cent tonnes d'esturgeons, dans un acte des rôles du pays de Galles, passé sous Édouard Ier (1). En 1339, ce poisson était si recherché qu'un baril d'esturgeons salés se vendait le même prix que cent saumons et que douze barils de harengs (2).

(1) Ayloffe, *Calendars of the ancient charters*, etc.
(2) Davidson, *Accompts of the Chamberlain of Scotland*.

Les ordonnances de Ramirez, archevêque de
Compostelle, qui fixèrent le prix du poisson,
prouvent qu'à cette même époque la pêche avait
repris beaucoup d'activité sur la côte occidentale
d'Espagne. Dans le treizième siècle, les religieux
de Beauport obtinrent le privilége d'une pêcherie
de congres près de Saint-Brieuc; en 1272, Jean IV,
duc de Bretagne, rétablit les marchands de
Bayonne dans la possession et la jouissance d'une
sécherie de poisson sur le territoire de Saint-Mat-
thieu. D'après cette charte, les congres et les
merlus, dont on faisait un grand commerce, étaient
séchés depuis Pâques jusqu'à la Saint-Michel (1).
Les sécheries s'étendaient le long de la côte de
Pontrieux; il y en avait aussi à la Roche-Derrien
et sur plusieurs autres points de ce littoral. Il est
aussi question de congres salés dans une ordonnance de 1315 et dans d'autres actes du temps (2).
Un congre du poids de dix livres ne payait qu'un
penny de droit, et pourtant sous Édouard II, la

(1) « . . . . Possit in dictâ *siccariâ congros et merluccios*, à
Paschate usque ad festum beati Michaëlis, in monte Tuba *sic
care.* » DUCANGE, *Glossarium novum*, supp. III, 790.

(2) *Ordonn. des rois de France*, I. 600.

pêche de ce poisson produisait au fisc mille livres tournois par an (1). Le congre était servi alors sur la table des rois d'Angleterre, et les baillis de Bristol étaient chargés d'en approvisionner la cuisine du souverain (2).

En **1328**, la ville de Reims fit acheter d'un marchand de Malines tout le poisson qui devait être servi pour le festin donné à l occasion du sacre de Philippe de Valois. Les détails de cet achat se trouvent consignés dans un ancien manuscrit (3), et l'on s'étonne, en y voyant figurer six barils de poisson salé, deux cent quarante-trois saumons, onze esturgeons frais, et plus de sept mille poissons de rivière, que toute cette énorme provision ne s'élève qu'à deux mille huit cent soixante-quatre *livres parisis*.

En **1366**, dans un autre festin qui fut offert aux grands seigneurs d'Angleterre par Georges Nevil, archevêque d'York, pour célébrer son installation, on ne servit pas moins de trente-

(1) Fall. *Account of Jersey*, 160.

(2) Madox, *History. and antiquities of the Exchequer*, etc., 258.

(3) *Particularités du sacre de Philippe de Valois.*

sept plats de poissons de différentes qualités (1).

Par une charte de 1396, nous voyons encore un duc de Bretagne céder à Richard, roi d'Angleterre, les sécheries (*siccariæ*) et autres droits qui appartenaient au château de Brest (2).

Enfin une ordonnance de Charles VI, en date de 1415, prouve que la pêche du maquereau était alors en grande vogue, puisqu'on les vendait au cent et au millier dans les marchés de Paris.

L'Espagne, dans ce temps-là, retirait aussi de très-grands avantages de la pêche des auriols, que l'on salait pour les transporter dans toute l'Europe méridionale. Les salines de Guardamar et de Mata fournissaient aux pêcheurs tout le sel dont ils avaient besoin pour leurs préparations. Il leur en était délivré vingt-quatre fanègues pour le même prix que les étrangers en payaient deux(3). Certes le gouvernement d'alors ne pouvait guère pousser plus loin la protection accordée à la pêche, et pourtant les rois de Castille et d'Aragon firent plus encore; car, malgré les guerres qu'ils eurent à

(1) Leland, *De rebus britan.*, *Collect.*, vi, 2.

(2) Rymer, *Fœdera, Conventiones, Litteræ, Acta publica*, etc., vii, 855.

(3) Mayans, *Ilici*, etc., 180.

soutenir pour faire valoir leurs droits sur la Sicile, ils laissèrent toujours libre l'exportation du sel pour l'Italie.

Les bonnes méthodes pour saler le poisson fixèrent particulièrement l'attention des pêcheurs du moyen-âge. La révolution politique qui s'était opérée dans le monde à la chute de l'empire romain n'avait pas emporté avec elle le secret des préparations, et l'usage des garus, qui s'était conservé sous les rois francs de la première race, prévalut sans doute beaucoup plus tard. Un diplôme de Chilpéric II, daté de 716, relate trente barils de garus (*gares*), que doit fournir à l'abbaye de Corbic son domaine de Fos (1). Les noms d'*Isix*, d'*Isicius* et d'*Isicium*, donnés au saumon dans plusieurs manuscrits du moyen-âge, rappellent l'ancienne saumure appelée *Isicia*, en usage sous Héliogabale, et dont avait parlé Lampride. Il est donc probable qu'à cette époque on marinait le saumon dans différentes parties de l'Europe.

La *Galatine* était aussi une autre espèce de garus

(1) De Foy, *Notices des diplômes*, I, 109.

avec lequel on préparait les lamproies (1), et qu'il faut distinguer de la saumure que les Allemands du moyen-âge appelaient *Fischroth*.

Les squales, et surtout la squatine que le langage du temps désignait comme « *ung poisson qui a la pel aspre, de quoy l'on polit le boys* », étaient recherchés pour leur peau, dont on fabriquait des casques à l'épreuve des armes tranchantes. Celle de plusieurs espèces de requins et de raies n'était pas moins estimée pour les gainures. L'huile qu'on obtenait du foie des grands squales alimentait alors un assez grand commerce.

Les actes qui se réfèrent à la pêche de la morue remontent à la fin du neuvième siècle. D'après Schoning, on pêchait ce gade dans les eaux de Helgeland en 888; mais cette pêche, comme celle des autres poissons du nord, n'acquit de l'importance qu'après que les Norwégiens eurent conquis l'Islande.

Dès l'an 1143 et 1160, divers contrats passés en Angleterre, en faveur de monastères, mentionnent des donations de morues salées qu'on appe-

_____

(1) Il est fait mention de la Galatine dans un ouvrage de Wilhelm; voy. Brit. *Philipp.*, lib. x, 87.

lait alors *streilings* (1). La morue fraîche ou le *stockfish* devint aussi une denrée de grande consommation : il s'en faisait un trafic considérable en Islande, dans l'Écosse occidentale et aux îles Hébrides. Les Espagnols, les Biscayens et les Basques avaient obtenu des *lairds* ou seigneurs de ces îles le droit de faire la pêche du hareng et de la morue dans les parages du voisinage. Un traité conclu en 1351, entre les Anglais d'une part, et les sujets du roi de Castille et du comte de Biscaye de l'autre, renferme la clause suivante :

Item, il est convenu que pessoners de la seignurie del roi de Castelle et del counte de Viscay peussent venier et pescher fraunchement et sauvement en les portz d'Engleterre et de Bretaigne, et en touz autres lieux et portz où ils vorrontz, paiantz les droits et coustumes à les seignurs du pais (2). »

La pêche de la morue et des autres espèces de gades ne resta pas non plus étrangère à la France. Une charte de 1143, accordée par Thierri, comte de Flandre (3), parle de *piscis pendiculus*,

(1) Dugdale, *Monasticon anglicanum*, I, 518, II, 309.
(2) Rymer, *op. cit.*, V, 719.
(3) Carpentier, *Glossarium novum*, etc., III, 291.

et ces poissons, qu'on suspendait pour les faire sécher, ne pouvaient être que des morues ou des
espèces analogues. Il est aussi question de *morues
baconnées* dans plusieurs ordonnances de nos
rois (1). Celles de 1326 et de 1350 font mention
de merlans salés.

La pêche du thon fut rétablie en Sicile par les
Arabes conquérants, après qu'ils se furent emparé
de cette île. Airoldi fait observer que déjà, dans
le dixième siècle, on s'occupait à fabriquer les tonnares (2). A partir de cette époque les grandes salaisons recommencèrent à alimenter le commerce.
Les Pisans venaient charger le poisson qu'on avait
confectionné dans les sécheries de la côte. Cette
industrie s'étendait alors dans toutes les petites
îles dépendantes de la Sicile, où les Arabes avaient
fondé des établissements de pêche, et celui
de Lampedouse s'acquit une grande réputation.
En 1061, il y avait aussi des madragues dans la
Calabre, où l'on préparait le thon salé pour l'exportation (3).

(1) *Ordonnances des rois de France*, I, 600; II, 558, 581;
XII, 44; II, 360; XI, 304, 306.

(2) Airoldi, *Codice diplomatico di Sicilia, sotto il governo
degli Arabi*, III, 140.

(3) Burman, *Thesaurus antiquit.*, etc., IX, 57.

A cette même époque les pêcheurs provençaux, ceux de Marseille surtout qui avaient repris leur activité première, approvisionnaient de poisson salé ou mariné une grande partie de la France. Une charte de 904, de l'empereur Louis, confirmée depuis par un autre acte de Bertrand, comte de Provence, en 1066, donnait à l'abbaye de Saint-Victor de Marseille les salines et les pêches avec le port des bâtiments : *Cum salinis et piscationibus et portu navium* (1).

La variété des salaisons en usage dans le moyen-âge est une preuve de l'attention qu'on portait alors sur tout ce qui pouvait augmenter les ressources des populations maritimes. Il se faisait un commerce de la chair et du lard du marsouin, et cette industrie prévalut, dans certains pays, jusqu'à une époque assez rapprochée de nos jours.

Le lard du marsouin, qu'on appelait *Craspois*, est souvent cité dans les ordonnances de pêche de Louis-le-Hutin et du roi Jean (2). En Angle-

______

(1) Martene, *Veterum script. et monum. ampliss. Collectio*, I, 262, 467.

(2) *Ordonnances des rois de France*, I, 600 ; II, 424, 577, 655.

terre comme en France le marsouin fut l'objet de concessions faites aux monastères. La chair de ce cétacé était très-recherchée, on la servait sur la table des grands qui la considéraient, sinon comme un mets délicat, au moins très-substantiel.

« La pêche du marsouin, dit La Morinière, nous prouve jusqu'à quel degré les usages ou les besoins d'une nation exercent leur influence sur les progrès de son industrie.

» Durant les quatorzième et quinzième siècles, elle se faisait dans l'Océan, la mer du Nord et la Manche, avec une ardeur générale, qui trouvait sa récompense dans la grande consommation de ses produits frais ou salés. Elle avait acquis tant d'importance, qu'on pouvait presque la ranger au nombre des grandes pêches du temps... Pourquoi, si florissante autrefois, est-elle aujourd'hui si négligée? Quand elle était en quelque sorte une pêche privilégiée, quel attrait avait pour nos ancêtres une chair dure, coriace, imprégnée d'une huile qui la dispose à la rancidité?.. La chair du marsouin n'était-elle donc pas en concurrence avec celle des meilleurs poissons qu'on pêchait alors? Et par quel prestige en balançait-elle la renommée, lorsqu'à tant d'égards elle lui était si infé

rieure ?

» Ces questions nous paraissent faciles à résoudre. Nous pensons qu'à cette époque, la pêche de
la baleine étant nécessairement bornée, les huiles
animales rares, et la culture des plantes dont on
obtient les huiles végétales peu répandue, la pêche
du marsouin était encouragée, bien moins en
vue d'augménter la masse des aliments que pour
se procurer l'huile qu'on extrait de sa graisse,
car on en consommait beaucoup pour l'éclairage
des églises et des monastères, pour la préparation des cuirs, etc... On trouvait alors très-natu-
rel d'user, dans les jours maigres, de la chair du
porc marin, comme, dans les autres jours, on
usait de celle du porc terrestre. Mais dès que les
Basques, les Hollandais, les Anglais eurent dirigé
leurs armements vers le nord, attaqué la baleine
dans ces parages glacés, et fait des pêches prodi-
gieuses qui fournirent à l'Europe des huiles préférables à celle du marsouin, il s'opéra un grand
changement.

» Il en est de quelques branches d'industrie
comme des fortunes particulières ; les unes s'é-

lèvent sur les ruines des autres. Dans une lutte aussi inégale entre les deux pêches, il fallut bien que celle du marsouin déclinât, et qu'elle cédât la place à une rivale qui l'écrasait du poids de sa prospérité (1). »

A ces réflexions judicieuses, ajoutons quelques observations qui trouvent ici leur place : nous touchons de bien près peut-être à l'époque où la pêche du marsouin pourrait être reprise avec autant d'avantage qu'autrefois, car la cause de sa décadence n'exercera bientôt plus la même influence. Depuis une centaine d'années, la diminution rapide du nombre des baleines fait malheureusement déjà prévoir l'avenir de cette pêche. Des expéditions successives et poussées avec vigueur, et la concurrence de plusieurs nations dans les mers polaires, ont commencé à épuiser les régions baleinières des deux hémisphères. On a poursuivi ces grands cétacés jusque dans leurs derniers retranchements; on a détruit sans prévision, dans presque tous les parages, non-seulement les baleines, mais la plupart des animaux marins qui

______

(1) Noël de La Morinière, *op. cit.*, p. 241 , 242.

pouvaient fournir cette huile grasse, aujourd'hui si nécessaire dans les arts. D'après la marche naturelle des choses, il n'est pas douteux qu'il faudra renoncer sous peu à ces expéditions lointaines entreprises sans grande chance de succès, et dont les bénéfices, s'ils ne sont réalisés promptement, ne peuvent compenser les énormes dépenses. Alors la pêche du marsouin et des autres espèces qu'on néglige, cette industrie plus facile et moins coûteuse, qui enrichit les pêcheurs du moyen-âge, qui se passait du secours des primes, et supportait les redevances, viendra reprendre son rang et fournir à nos besoins.

Mais, sans nous arrêter plus long-temps à la digression qu'a fait naître la pêche du marsouin, poursuivons l'aperçu général que nous avons commencé.

Si, parcourant les différentes phases de la civilisation, on consulte l'histoire religieuse des peuples, on voit que leur théogonie a toujours exercé beaucoup d'influence sur les destinées des arts et des grandes industries. L'agriculture, le commerce et la navigation ont eu leurs divinités tutélaires, et la pêche, cette agriculture des eaux, n'a pas manqué d'avoir sa part dans l'intercession des faveurs du ciel. Les poissons se sont mêlés à tous les cultes : *Dag* ou *Dagon*, le Neptune des Phéniciens, est représenté sous la forme d'un homme dont la partie inférieure se termine en queue de dauphin. Les prêtres de Memphis eurent leurs poissons sacrés; Carthage et Gadès élevèrent des temples au dieu des mers (1). Hercule, cet être mystérieux, à la fois civilisateur et conquérant, qui figurait le génie de la navigation et des grandes entreprises, fut honoré à Abdera, et les thons qu'on avait sculptés sur les pilastres de son temple indiquaient que la pêche de ces scombres

---

(1) Parmi les beaux fragments des ruines de Carthage qui ont été dernièrement apportés à Paris, celui que j'ai eu occasion de voir chez M. Jomard parait avoir appartenu au temple du Neptune phénicien. La tête colossale de ce Dieu est représentée sur un superbe morceau de pavé mosaïque, dans lequel on a imité, avec une exactitude de forme et une vérité de couleur tout-à-fait remarquable, différentes espèces de poissons faciles à reconnaître. Ce sont, 1° le Mulle, que les peintures à fresque d'Herculanum et de Portici ne figurent pas mieux ; 2° la Pélamide, que les anciens prenaient pour un jeune thon, et qui, sous cette acception, était consacrée, comme le dauphin, aux divinités protectrices de la pêche et de la navigation ; 3° une grande Percoïde, qui m'a paru se rapporter au *Mérou* des pêcheurs provençaux ; 4° enfin un Cephalapode, qu'on ne saurait méconnaître pour la seiche à sa forme si bien caractérisée.

était placée sous sa protection (1). Le dauphin et le thon, si souvent représentés sur les médailles des villes de la Bétique, qui s'étaient enrichies par le commerce maritime, furent dédiés à l'Hercule espagnol, réunissant dans ses attributions celles de Neptune et d'Apollon. Les cités florissantes qui prospérèrent par la pêche prirent ces poissons pour emblèmes : ils représentaient tour à tour la célérité dans la navigation, la construction navale, la puissance neptunienne et l'industrie lucrative à laquelle se livraient les pêcheurs.

(1) Florez, dans son ouvrage sur les médailles espagnoles, a décrit celles du temple d'Abdera. « Les poissons représentés, dit-il, indiquent qu'il existait dans cet endroit une grande pêcherie de thons *(y esta principalmente era de Atunes)*. Plusieurs de ces poissons sont figurés dans le portique ou sur la façade du temple et imitent ceux qu'on voit sur les médailles de Cadix, autre ville qui retira tant d'avantages du produit de la pêche, à l'époque où les thons en arrivant de l'Océan venaient frayer dans la Méditerranée. Le trident qui est placé au milieu de la médaille rappelle les harpons et les instruments de pêche dont on se servait pour saisir les poissons dans les filets et les tirer à terre. »

Florez, *Medaillas de las colonias de Espana*, I, 119.

On a trouvé aussi d'autres médailles d'Abdera qui représentent d'un côté l'image du soleil fixé au-dessus du portique. Cet emblème ne signifie pas, comme on pourrait le croire, que le temple fut consacré à Apollon ; il est plus probable qu'on a voulu indiquer, par là, l'époque de l'année où l'on commençait la pêche.

Mais les autres divinités participèrent à ces hommages : la Chrysophrys, aux sourcils d'or et aux brillantes écailles, fut consacrée à Vénus cythérée. Le Pompile et l'Anthias vinrent aussi augmenter le nombre de ces poissons vénérés dont on faisait honneur aux déités protectrices.

Les Romains, qui mieux que les autres peuples surent faire tourner la religion au profit de leur politique, associèrent à leur culte tout ce qui pouvait augmenter les revenus du fisc. Ils instituèrent la fête des pêcheurs ou du *Ludi piscatorii* (1); leur Jupiter Élicius avait droit à un sacrifice de Mendole, et le tribut du *Quæstus* était un impôt sur la pêche, dont les prêtres de Vulcain retiraient leur bonne part.

Lorsque le christianisme commença à pénétrer dans Rome païenne, et que le sang des martyrs eut arrosé les premiers germes de la foi, les poissons devinrent un signe de reconnaissance symbolique entre les chrétiens opprimés. Le dauphin fut pour eux l'emblême de l'espérance qui soutient l'homme dans l'adversité. On le repré-

____

(1) Schæfferus, *De militià navali*, 43.

senta sur les tombeaux, dans les baptistaires, sur les bas-reliefs et dans les ornements des premières chapelles. A l'exemple des païens, on le figura enlacé à une ancre, comme l'image de l'espérance et du bonheur. Le Pompile fut pris aussi pour symbole de l'Église militante. Mais quand le christianisme n'eut plus à craindre les persécutions, ses progrès avancèrent ceux de la pêche. Les juifs n'avaient fait aucun cas de cette industrie; les chrétiens au contraire la tinrent en honneur. Les disciples du Christ étaient la plupart de pauvres pêcheurs, et saint Pierre, celui des apôtres de Jésus, constitué le chef de son Église, n'eut pas d'autre profession. Ce fut en sa faveur que le Sauveur opéra le miracle de la pêche, ce fut en sa présence qu'il marcha sur les eaux; la pièce de monnaie, qui devait servir à payer le tribut pour l'entretien du temple, fut tirée du ventre d'un poisson. L'urne baptismale reçut le nom de *piscine*; des idées mystiques, qui ont toujours rapport à la pêche, dominent dans le langage des pères de l'Église : saint Athanase compare les catéchumènes à des reptiles transformés en poissons par l'eau du baptême, et amenés à la table de Dieu par des pêcheurs. « Le royaume du ciel, disait saint Matthieu, est comme une seine que l'on jette à la mer et que l'on retire sur le rivage ; le pêcheur choisit le meilleur poisson et jette le mauvais hors du filet. »

L'usage du poisson dans les jours d'abstinence, si religieusement observé autrefois, ne fut pas moins favorable à la pêche que ne l'avait été dans Rome païenne la pratique de la loi *Licinia*. Quand on réfléchit aux progrès de cette industrie sous le moyen-âge, et qu'on les compare avec les résultats obtenus de nos jours, il faut bien convenir que nous sommes restés en arrière. Le nombre des espèces que nous livrons au commerce est considérablement restreint; car, si on excepte certains poissons privilégiés, la plupart de ceux estimés de nos pères ont cessé de prendre rang parmi les denrées admises dans nos marchés. Cette décadence du commerce du poisson frais, mariné ou séché au moyen de la salaison, peut s'expliquer par le relâchement des observances religieuses, par la suppression des grands monastères dans une partie de l'Europe, et par l'abolition de la dîme et des redevances payées en nature, dans le moyen-âge, aux seigneurs, aux prélats et aux moines.

Le quinzième siècle, qui fut pour la géographie l'époque des grandes découvertes, ne fit pas pour la pêche lointaine tout ce qu'on pouvait attendre d'une ère de renaissance. Il ouvrit la porte, il est vrai, aux voyages de long cours et aux grandes entreprises maritimes. La pêche côtière avait été l'apprentissage de la navigation, et la navigation à son tour devint le prélude de la grande pêche. Elle signala aux pêcheurs deux vastes théâtres où devaient s'exercer leur industrie : le banc de Terre-Neuve et les mers polaires. La pêche de la morue et celle de la baleine reçurent dès lors une nouvelle impulsion, et leurs progrès contribuèrent puissamment à l'agrandissement des marines européennes. Mais toutes les idées des spéculateurs, en se portant vers les mers du Nord, firent négliger insensiblement les avantages que l'on pouvait retirer des autres parages. Les pêcheries de la côte d'Afrique, que l'activité des marins cantabres, basques et portugais avait tant accréditées, tombèrent bientôt dans l'oubli ; la morue et le hareng se disputèrent la suprématie et prévalurent sur toutes les autres espèces ; enfin la pêche prit une autre direction, et les pêcheurs, réunis en grandes flottes, se portèrent en foule vers des régions qu'on croyait exclusivement privilégiées.

La marche des relations commerciales aurait dû pourtant ramener les spéculateurs dans les parages poissonneux auxquels la Providence n'avait pas refusé ses faveurs. Les pêcheries qu'on pouvait établir vers le détroit de Gibraltar auraient encore rappelé ces temps de prospérité et d'abondance où les villes de la Bétique et de la Mauritanie acquirent tant de renommée. Les attérages de l'Afrique, depuis Melilla jusqu'au cap Spartel, et de là jusqu'aux rives de l'Éthiopie occidentale, constituent peut-être les plus riches stations de pêche de notre hémisphère.

Les révolutions qui se sont opérées à la surface de la terre, en modifiant le climat et en changeant l'aspect des pays, ont bien fait disparaître, sur certains points, les animaux et les plantes que la nature avait répartis en tous lieux ; mais il est une grande portion du globe, un de ses éléments constitutifs qui n'a jamais changé : c'est la mer. Toujours la même, elle conserve ses limites dans son immen-

sité ; elle se soulève et s'agite sans nuire à l'existence des êtres qu'elle nourrit dans son sein : abondante et intarissable dans ses productions, elle se
montre encore à l'homme d'aujourd'hui comme à
l'homme d'autrefois, avec ses mêmes plantes, ses
mêmes poissons, ses mêmes coquillages, avec
toutes ses ressources en un mot, et toujours prête
à payer avec usure les travaux du pêcheur. La
Méditerranée, ce beau bassin qui, selon l'expression napoléonienne, pourrait devenir un *lac français*, n'a pas cessé d'être poissonneuse. Les thons,
les pélamides, les spares, les congres, les auriols
et cent autres espèces que les Grecs et les Romains
surent apprécier, toutes celles enfin qui fournirent
à la consommation du moyen-âge, se plaisent encore dans les mêmes fonds ou continuent de parcourir en troupes nombreuses les parages célèbres
dont l'histoire a conservé les noms. Marseille,
qu'on peut appeler, comme Byzance, la *mère
des poissons;* Toulon, Antibes, Fréjus, Cette,
Port-Vendres, ces antiques cités assises sur les
rochers du littoral, ne sauraient négliger les avantages de leur position. Mais les eaux de l'Océan et
de la Manche, vers nos côtes occidentales, offrent

aussi d'immenses ressources; Bayonne, Bordeaux,
Rochefort, la Rochelle et Lorient ne manquent
pas d'habiles marins; Brest, Saint-Malo, Cher-
bourg et Granville sont placés aux avant-postes
de la grande pêche, et Dieppe, le Havre et Dunkerque, qui doivent leur origine aux pêcheurs,
ont tout à espérer de cette belle industrie.

Puisse cet appel aux armateurs de nos ports
être bien compris; puisse la France surtout, si
heureusement située pour disposer à son gré des
avantages que lui offrent les entreprises maritimes, se rappeler que la nature, en l'entourant
de deux mers, lui ouvre les chemins qui doivent
la conduire à la prospérité la plus florissante, et
lui assurer une nouvelle moisson de succès et de
gloire.

FIN.

TABLE DES MATIÈRES.

FIN DE LA TABLE.

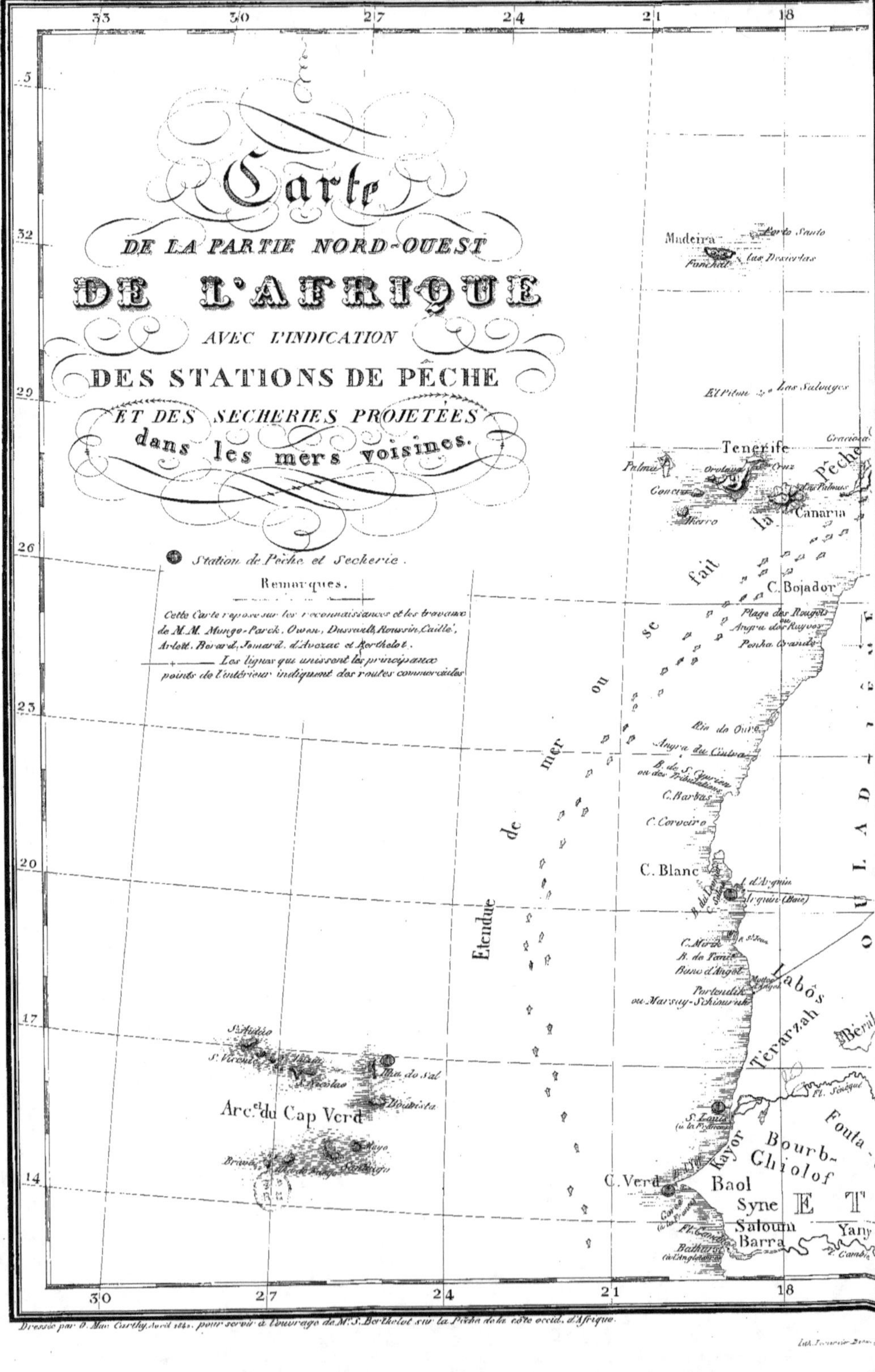

Carte
DE LA PARTIE NORD-OUEST
DE L'AFRIQUE
AVEC L'INDICATION
DES STATIONS DE PÊCHE
ET DES SECHERIES PROJETÉES
dans les mers voisines.
Station de Pêche et Secherie.
Remarques.
Cette Carte repose sur les reconnaissances et les travaux
de M.M. Mungo-Parck, Owen, Dussault, Roussin, Caillé,
Arlett, Bouard, Jomard, d'Avezac et Berthelot.
Les lignes qui unissent les principaux
points de l'intérieur indiquent des routes commerciales
Madeira
Porto Santo
Funchal
Las Desiertas
El Pitm
Las Salvages
Graciosa
Tenerife
Palma
Orotava
Cruz
Concep.
Las Palmas
Hierro
Canaria
la Pêche
se fait
ou
C. Bojador
Plage des Rouges
Angra dos Ruyvos
Penha Grande
mer
Rio do Ouro
Angra du Cintra
B. de S. Ciprien
ou des Tribulations
C. Barbas
de
C. Corveiro
Etendue
C. Blanc
d'Arguin
Arguin (Baie)
C. Mirik
B. de Vanil
Banc d'Angot.
Portendik
ou Marsay-Schinwrik
S. Antão
S. Vicente
S. Nicolao
Ilha do Sal
Boavista
Arc.el du Cap Verd
Maye
Brava
Fogo
S. Iago
C. Verd
OULAD
Tevarzah
Beril
Fl. Sénégal
Kayor
S. Louis
Fouta
Bourb-
Ghiolof
Baol
Syne
ET
Saloum
Barra
Yany
Bathur
Fl. Gambia

Dressée par O. Mac Carthy, avril 1845, pour servir à l'ouvrage de M. S. Berthelot sur la Pêche de la côte occid. d'Afrique.
Lith.

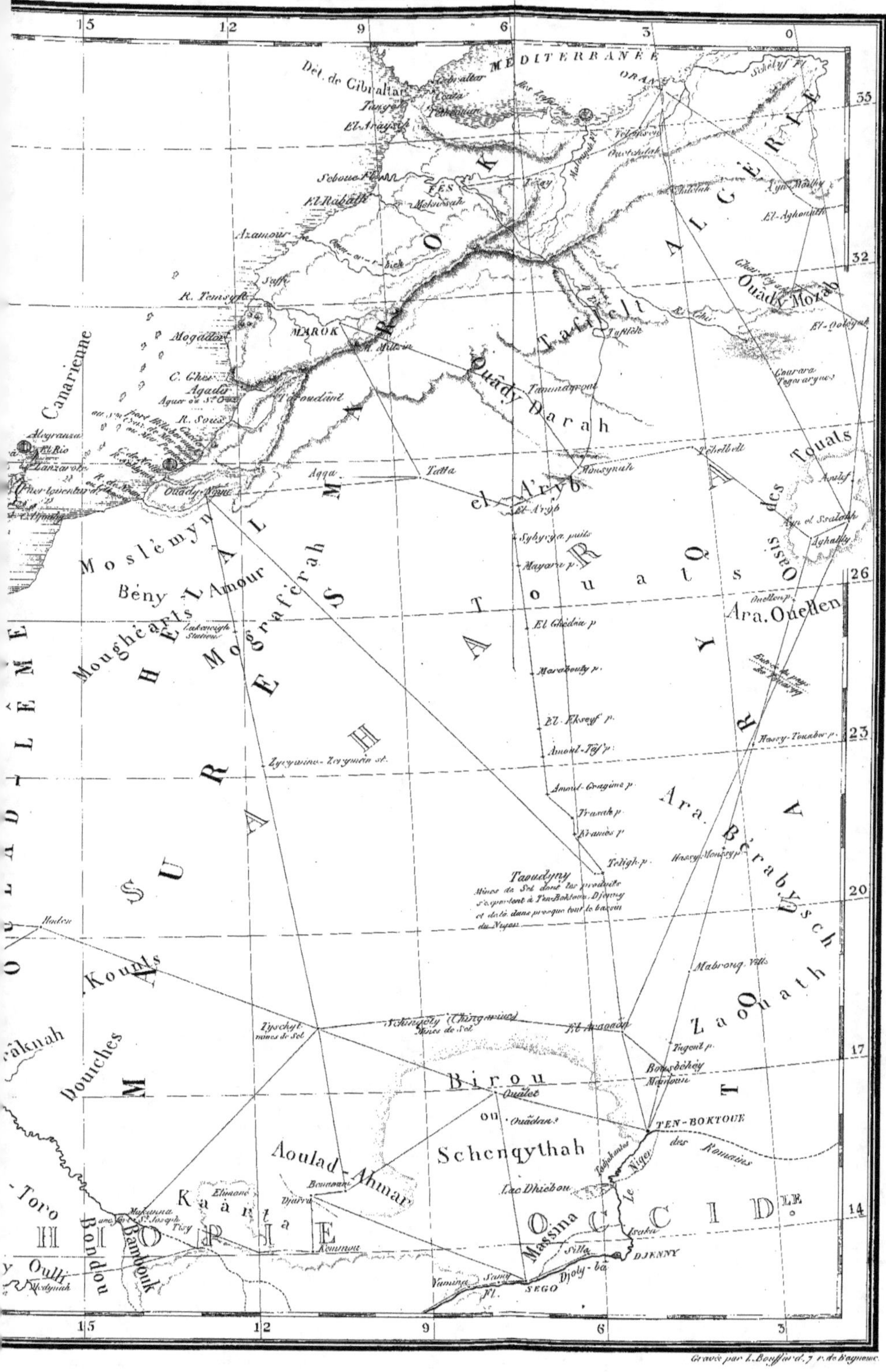

Gravé par L. Bouffard, 7 r. de l'Aguesseau.